U0107235

茶与茶器

茶器演变与茶器美学

静清和 著

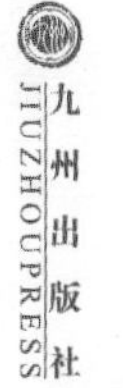
九州出版社
JIUZHOUPRESS

图书在版编目（CIP）数据

茶与茶器 / 静清和著. --北京：九州出版社，
2022.12

（静清和作品）

ISBN 978-7-5225-1489-5

Ⅰ. ①茶… Ⅱ. ①静… Ⅲ. ①茶文化－中国－通俗读物 Ⅳ. ①TS971.21-49

中国版本图书馆CIP数据核字（2022）第230259号

茶与茶器

作　　者　静清和　著
选题策划　于善伟
责任编辑　毛俊宁
封面设计　吕彦秋
出版发行　九州出版社
地　　址　北京市西城区阜外大街甲35号（100037）
发行电话　（010）68992190/3/5/6
网　　址　www.jiuzhoupress.com
印　　刷　北京捷迅佳彩印刷有限公司
开　　本　880毫米×1230毫米　32开
印　　张　11.25
字　　数　300千字
版　　次　2023年3月第1版
印　　次　2023年3月第1次印刷
书　　号　ISBN 978-7-5225-1489-5
定　　价　88.00元

总序

正本清源说茶真

时光如梭，光阴似箭。从 2014 年的《茶味初见》出版，到今年的《饮茶小史》付梓，春去冬来，不觉十余年矣。板凳甘坐十年冷。十余年来，我几乎放弃了所有的娱乐及社交活动，不是在茶山做茶，就是在灯下写稿，只为专心把自己要写的系列茶书写完。门前的枝柯绿了又黄，黄了还绿，而我却早已两鬓斑白、双目昏花。其中甘苦，冷暖自知。

在近代中国的茶界上下，包括一些学者，但凡谈及茶，必然会提到神农、三皇五帝与诸多神话传说，似乎言及的历史越久远，则表征自己于茶的研究或理解越深刻，这其实是非常荒唐与可悲的。对于这些乱象，西汉刘安在《淮南子》卷十九中，早已一语道破。其中写道："世俗之人，多尊古而贱今，故为道者，必托之于神农、黄帝而后能入说。"古人尚且明白的道理，习茶的今人，却将这些经不起推敲与反问的神话、传说奉为圭臬，且以讹传讹、人云亦云，岂不更加荒谬？鉴于此，我便从2008年伊始，在当时的茶论坛及新浪博客，撰写了多篇持不同观点的文章，意在拨乱反正，并以节气为纲，谨遵四时之序，持续写下了应怎样按照二十四节气的变化，去顺时应序、健康喝茶的系列文章，后结集成为我的首部茶书《茶味初见》。此后，又陆续出版了《茶席窥美》《茶路无尽》《茶与茶器》《茶与健康》《饮茶小史》等专著。

著作虽然不多，其中也可能存在着诸多不足，但却凝聚着我十余年来执着于茶的心血与汗水。在日常的交往中，经常会有朋友、学生问起，这六本书应该怎样去阅读？是否存在着先后的顺序？作为作者，我认为：习茶一定先从最优质的茶喝起，依照先好后次的顺序，在建立起必要的审美与正确的口感之后，茶之优劣，豁然确斯。因此孟子说："故观于海者难为水，游于圣人之门者难为言。"而读茶书，则宜遵循先难后易、先专业后休闲的原则，以理性客观、专业系统的知识为保障，此后的所学，才不容易被碎片化、江湖化、鸡汤化的信息所带偏。假如阅读放弃了系统性、深刻性，不仅于己无益，而且还可能会堕入低级、反智的陷阱之中。倒餐甘蔗入佳境，柳暗花明又一村，不才是读书、学习的最佳感觉吗？

面对《茶味初见》《茶席窥美》《茶路无尽》《茶与茶器》《茶与健康》《饮茶小史》，可先通读《茶路无尽》，把六大茶类的本质及茶类起源的相互影响了解清楚，建立起茶的基本知识与框架之后，再读《茶与健康》，就能更本质地去认知茶，端正和培养健康的饮茶理念，始可正本清源。当洞悉了茶的本质以后，自然就会对泡茶的原理了然于心，此时去读《茶席窥美》，有意识地运用人体工学原理，在人、茶、器、物、境的茶道美学空间里，去感受茶与茶器惠及我们的身心愉悦、美学趣味，才能使我们的日常生活艺术化、审美化。

当对实用且美的茶器，有了初步的认知之后，若再去系统地阅读《茶与茶器》，就能清楚，针对不同的茶类，应该怎样去正确地辨器、择物？也会了解制茶技术与饮茶方式的进步，是如何交互影响到茶器的设计、应用及演化的。而贯穿于饮茶历史中的茶与茶器的鼎新与变化，能让我们一窥千百年来古人吃茶的风景及审美的变迁。此后，再读《饮茶小史》，就会通晓煮茶、煎茶、点茶、泡茶之间的深层关联和区别，也会理解浮生日用的果子茶、文人茶及工夫茶之间的演化规律及逻辑关系。

厚积落叶听雨声。当透彻理解了茶与茶器的底蕴，就能充分地去享受因茶而生的茶道美学，在四时的光影里，依照节气的变化，从立春到立冬，在每天的一盏茶里，去领略蕴含在二十四节气中的茶汤与茶席之美，生活便因茶而产生了超越庸常的悦人之美，以此抗拒人生所可能遭遇到的诸多无奈、无聊、无趣、无味。至此，上述六本书的内容，就可以构成一个相互解读、相互补充、相互参照、相互印证的较为完整的知识体系。在知识碎片化、阅读碎片化的当下，这套知识体系较为完整、思想较为独立、视角较为独特的全新纸质茶书的出版，便凸显出了其特殊的价值与意义。

窗前明月枕边书。尤其是珍藏一套知识体系较为完整且有一定深度的茶书，闲暇光阴里，茶烟轻飏，披读展卷，书香、茶香，口齿噙香，是尘俗里的洗心之药；世味、茶味，味外之味，是耐得住咀嚼的浮世清欢。

静清和

2022 年 11 月 18 日

再版序

从上古的煮茶、唐代的煎茶、宋代的点茶，到由唐代淹茶若隐若现演化而来的壶泡法以及点茶演绎出的瓯盏撮泡法，茶器的功用、形制、釉色和审美，都随着制茶技术的发展、饮茶方式的转变、陶瓷技术的进步而不断变化着，尤其是明末清初工夫茶的兴起，对茶器发展所产生的巨大影响几乎是革命性的，颠覆式地推动着茶器向精巧化、雅致化、艺术化的方向前进。而这一切草蛇灰线，都需要从浩瀚的史料中去大海捞针，去抽丝剥茧，去条分缕析，以此得出与各个时代所存茶器特征相一致的结论，从而推导出茶器在各个历史阶段的发展、变革与演化规律。这也是本书着重研究、阐述与修订的重点。

在修订中，我尽可能地将两千年左右的茶与茶器的交互发展史简单化、通俗化、例证化。删繁就简，才能看清历史的真相。那些试图把茶与茶器深奥化、玄虚化的，基本都是为了蒙人。我经常讲：美，从一只茶杯开始。浮生日用，左摩右挲，美就蕴含在茶器之中，道不远人。

器以载道。这是茶器与茶具的根本性区别。中国自古就有藏礼于器的传统，合礼而制器，据器以明礼，凡礼用均为器。而器的设计，则每具深意，无不关乎思想，其器用必合于四时变化，却又攸关着礼仪。道运而无名，器运而有迹。因此，在形而下的器中，藏着形而上的道，这即是茶器于你、于我、于传统文化的重要意义。

《茶与茶器》作为我的第三本茶学专著，已出版近五年了。近五年来，又出版了《茶与健康》一书，并对之前出版的《茶味初见》《茶席窥美》《茶路无尽》进行了详尽而周严的修订。在学中写，在写中改，严以律己，数十年如一日。期间，不是跋涉在茶山，就是奔波在去博物馆的路上。勤于知行，眼界自宽。学，然后知不足。以此培养自己敏锐的洞察力，积累丰富而翔实的史料，始可具备不断反省与修正的力量。

虽然自《茶与茶器》出版以来，以其专业、严谨、实用、耐读而广受好评，但是，人贵有自知之明，作为作者，我也常常为自己曾经的肤浅或某处的考证不周而倍感惭愧，如芒在背。幸好有《茶与茶器》再版的机会，让我能够将该书从头至尾又做了一次深入的修改与订正，把不能准确表达主题的繁冗枝蔓悉数删去，将近年的研究心得、所感所悟融汇其中，并对原书中的插图，几乎做了全部的更新，使主旨更明确，文脉愈加贯通。图文并茂，相得益彰，可祛我心病矣！

静清和

2021 年 8 月 29 日

自序

工欲善其事，必先利其器。习茶瀹茶时，茶滋于水，水藉乎器，汤成于火。活火、活水、妙器，加之静心泡茶时，对茶汤浓度把握得恰恰好，才能成就一盏茶的色、香、味、形、韵的准确表达。

长期以来，国内茶界对茶与茶器的研究，是一个空白，很难找到一本严谨可靠的书籍作为参考，使得习茶的人少有懂器的，制器的人少有知茶的，似懂非懂的，却又在以讹传讹。即使是许多常识性的茶与器的问题，也在岁月既淹中，袭以成弊，是非难分。鉴于此，抽时间去写一本有理有据的关于茶与茶器的新书，成为我的一个愿望。

此类书籍的写作，想想容易，一拿起笔就会惆怅万分。茶与茶器毕竟是两个专业，真要搞清楚二者的边界与相互影响，涉及上下五千年的历史，既需要“焚膏油以继晷，恒兀兀以穷年”，又必须行万里路，读万卷书。幸好，我能吃苦，耐得住寂寞，可以依赖多年的积累与考证，绝息交游，夜以继日，探赜索隐，识契真要。历时九个多月的艰辛，终于写完了《茶与茶器》的书稿。

《茶与茶器》一书，从上古的新石器时代，一直写到今天，重点研究和探讨了茶、饮茶方式与茶器的起源和发展历程，以及三者之间的交互影响。在唐代以前，由于原始条件下的药、食、饮同源，因此茶与茶器的发展，并没有发生多少的交叉。陆羽《茶经》问世以后，人间相学事春茶，茶器与茶具有了明确的分野。从茶的晒青、蒸青初始，随着制茶技术的进步，饮茶方式不断得以调整和完善，它们二者综合对茶器的影响，开始变得越来越深刻。

元代，揉捻工艺的发明与普及，为发酵茶的出现创造了可能，也使茶的瀹饮变得简单和快捷。尤其是在明末清初，当松萝茶的制作技术影响了武夷茶之后，随着一个崭新的乌龙茶类的诞生，必将催生与之相应的最恰当的新的品饮方式。于是，器具精良、以闲情逸致烹制的工夫茶出现了。工夫茶在乌龙茶产区的横空出世，使得其品饮方式，不断地随着乌龙茶制作技术的向外传播，而逐渐在福建、广东地区扩散和发展。当酒杯被借用作茶杯使用之后，很多酒器的形制，便影响和左右了茶器的发展与变革。曾作为品茗器的盖碗，也渐渐地在向泡茶器方向转变。形随功能，当茶器的用途发生了改变以后，其形制必然也会为之变化。

本书的知识构架较为完整，引经据典，深入浅出。茶的发展知识体系，可视为是对《茶路无尽》的细化；茶器的考证与研究，是对《茶席窥美》的深化，三本著作可以融会贯通，相互印证。该书不仅对茶与茶器，从各个时代进行了详细的论证和探讨，对每一个观点、每一类茶器，尽量写精写透，而且对于如何正确选择茶器，一针见血地从根本上提出了极具操作性的选购与参考的客观标准，让读者知其然并知其所以然。

静清和

写于 2017 年立秋

目录

上篇

CONTENTS

目录

上篇

在华夏神州，上下五千年，荡尘俗，涤昏寐，越众饮而独高，攸关国人精神层面的饮品，莫过于茶了。

药食同源
神农始

在华夏神州，上下五千年，荡尘俗，涤昏寐，越众饮而独高，攸关国人精神层面的饮品，莫过于茶了。唐代陆羽在《茶经·之饮》中写道："茶之为饮，发乎神农氏，闻于周鲁公。"陆羽在著述《茶经》的过程中，只是推测古人对茶的最早认知，可能来自古老先民们（神农）长期的反复探索与实践。先民们茹草饮水，采树木之实，只要是无毒的、味道不太苦涩的、纤维较细的、滋味不太难以下咽的，都会被纳为日常食材。他们在不断广泛尝食植物的过程中，还会根据不同植物的不同季节、不同器官的不同滋味以及呈现出的寒热温凉等感受，结合在不同历史阶段积累的医疗经验，便逐渐开始了朴素的医学探索与总结。西汉《淮南子·修务训》记载："（神农）尝百草之滋味，水泉之甘苦，令民知所避就，当此之时，一日而遇七十毒 。"由此可见，古老的先民们，在从蛮荒走向农耕文明的尝百草的艰难过程中，在辨识

云南古茶树

食物与药物的过程中，曾付出过巨大的健康与生命代价。其间的茶，因其清香消滞，一定是在长期的比较试吃和遴选食物的过程中脱颖而出的，这大概就是茶的药食同源的发展由来。

茶能解毒一说，最早出自宋代的《圣济总录》。我们常常听到的关于“神农尝百草，一日而遇七十二毒，得荼以解之”，并非出自汉代的《神农本草经》，其始作俑者，是清代康熙二十四年的进士陈元龙。他在《格致镜原》里的这段论述，前面曾有“《本草》则曰”，就是因为四个字，则让疏于稽考的各界人士，误以为“得荼以解之”出自中医经典《神农本草经》，这也是此后各种著述援引混乱的源头。但是，也不能因为引用错误，而轻易否定茶的解毒作用。古代医籍记载的“毒”，多指药的偏性或热性等。茶最早作为药的解毒作用，首先体现在茶的寒性方面，因为寒能胜热。其次，是茶多酚能够沉淀或还原某些金属盐类，有延缓吸收毒物的作用；与某些蛋白质络合，能够杀菌消毒。第三，茶能利小便、利大肠、浓茶能够催吐等，都可视为是通过利尿、导泻、催吐等，可以有效减少体内有毒物质的吸收。

在农耕文明刚刚萌芽的神农时代，求可食之物，尝百草之实，觅尽可能食用的植物果腹，采集茶树芽叶，烹煮食用，自然是顺理成章之事。茶由食用到药用，由药食同用再发展为广泛的食用，时间大概是在战国或秦代以后。清代顾炎武《日知录》说：“自秦人取蜀而后，始有茗饮之事。”东汉华佗《食论》记载：“苦

汉代的食饮器具

西晋青瓷盘口壶 美国大都会博物馆藏

茶久食，益意思。”《神农食经》也说道：“茶茗久服，令人有力，悦志。”这说明，古人很早就意识到，茶无毒可久服，并且可食可药。茶的“益意思”和“悦志”，主要是指咖啡碱的泻火除烦以及茶氨酸的镇静安神等综合作用。

西汉王褒的《僮约》中，有“烹荼尽具”“武阳买荼”，这是最早有关饮茶的可信记载。从《僮约》里，我们迫切需要厘清的是，这里的“具”，究竟是指什么样的茶具？而此时的“荼”，到底又是什么样的茶？搞清这些知识点非常关键。

公元 230 年前后，三国魏人张揖所著的《广雅》称：“荆巴间采茶做饼，叶老者，饼成以米膏出之。欲煮茗饮，先炙令赤色，捣末，置瓷器中，以汤浇覆之，用葱姜、橘子芼之。其饮醒酒，令人不眠。”从文中可以推测，西汉时在武阳所买的茶，大概还是以米膏黏结起来的梗叶粗老的饼茶。在茶的蒸青工艺还没有发明以前，揉捻工艺自然也没有诞生，粗老的茶叶，因果胶含量低而无法压饼，故此以米膏黏结，便于取拿存放，有意识地尽量减少茶叶的存储空间和运输体积，这是符合古人的智慧水平和当时的生产力发展状况的。

在汉魏六朝以前，经过蒸青并借助工具压制的饼茶，是不可能存在的，但用米膏黏结而成的饼茶或经日晒干燥的散茶，可能是同时并存的。此时的饮茶方式，不外乎直接采撷茶的鲜叶煮成羹饮（茗粥），或在干茶内加葱、姜、桂、橘皮、薄荷、茱萸等热性药物或调味品混合煮饮等。东晋郭璞《尔雅注》记载："树小似栀子，冬生，叶可煮作羹饮。"晚唐杨晔《膳夫经手录》也记载："茶，古不闻食之。近晋、宋以降，吴人采其叶煮，是为茗粥。"此时服用的羹饮或茗粥，茶渣与茶汤还没有完全分离，这段时期包括之前，可称为是茶饮发展的煮茶时代。

茗粥与羹汤，应该是有差别的。茗粥里可能含有"以米膏出之的"淀粉类食物，而羹饮内可能只含有茶末和汤水。在制茶时加入淀粉类等食物，在中国民间有着古老而悠久的传统。南宋陆游在《入蜀记》里，记其经镇江，"赴蔡守饭于丹阳楼"，"蔡自点茶颇工，而茶殊下。同坐熊教授，建宁人，云：'建茶旧杂以米粉，复更以薯蓣，两年来，又更以楮芽，与茶味颇相入，且多乳，惟过梅则无复气味矣。非精识者，未易察也'"。元代忽思慧在《饮膳正要·诸般汤煎》中也介绍：宫廷"香茶"，是以白茶、龙脑、百药煎、麝香按一定比例，共同研细，"用香粳米熬成粥，和成剂，印作饼"。

唐代皮日休，在《茶中杂咏》序中说："自周以降及于国朝茶事，竟陵子陆季疵言之详矣。然季疵以前称茗饮者，必浑以烹之，与夫瀹蔬而啜者无异也。"汉魏六朝以前的饮茶方式，诚如皮日休所言，"浑而烹之"，煮成浓厚的羹汤而饮。这说明在那时，食与饮的器具并没有完全分开，这也进一步证明了，在那时还没有专门的煮茶或饮茶器具诞生。先民们若要喝茶，往往会借用日常生活中煮饭的釜来煮茶，共用吃饭的碗来盛茶而饮。

在原始的粗放的煮茶时代，茶的发展与茶具的发展，基本是平行的，还没有太深刻的相关性。那么，在这个历史阶段，先民们吃饭喝茶的碗，究竟是什么材质、什么形式、多大尺寸的呢？这需要仔细地去梳理那段不太明朗的历史。

初唐重臣、著名书法家虞世南，编著的隋代类书《北堂书钞》记载："惠帝自荆还洛，有一人持瓦盂盛茶，夜暮上至尊，饮以为佳。"瓦盂，是古代盛浆汤或食物的器皿，可能施釉也可能无釉。这不仅说明了西晋的饮茶习俗已经形成，而且也证实了贵为皇帝的晋惠帝，喝茶的器具还很简陋，食饮同器，食饮不分，此时并没有专门的茶器出现。

东晋时的杜育，写下了历史上第一部关于茶的作品《荈赋》，为唐代陆羽承前启后地撰写《茶经》，提供了思路，奠定了基础。杜育在《荈赋》写道："水则岷方之注，挹彼清流。器择陶简，出自东隅。酌之以匏，取式公刘。惟兹初成，沫沉华浮。焕如积雪，晔若春敷。"此文已经详尽涉及了饮茶的择水、选器、酌茶、鉴赏等层面。茶器选择越州窑的简陋陶碗，这与晋惠帝喝茶的瓦盂基本是一脉相承。从煮茶的釜内、向外舀茶汤的工具，是把天然的葫芦一剖为二的匏。朴素传幽真。此时的喝茶方式，与所处的那个时代一样，一切都是那么的朴素自然。

烹茶尽具
青瓷生

从茶饮萌芽的神农时代，到秦汉六朝，茶的制作和饮用，仍然是自然的、朴素的。确切地讲，在陆羽《茶经》问世之前，茶在社会生活中的地位并不显著。那些煮茶为饮的人，多为产茶地区的居民、修行的道士以及信仰神仙术的文人，像陶弘景、葛玄等，他们相信饮茶能通仙灵，久服可轻身换骨，羽化成仙。在这段时期，人们对茶器的选择，基本是拿来主义，甚至是一器多用，对其功能和审美并没有太高的追求。

人类的发展历史，是从学会制作工具开始的。而原始陶瓷的诞生，大概是在人类获得钻木取火的技术之后，突然在某一天，发现黏土经过火的炙烤，变得坚固而耐用，于是便经过有意识的实验和设计，最终发明了原始陶瓷。原始陶瓷的诞生，标志着人类从原始社会进入了一个新的技术时代。《史记》记载："舜耕历山，历山之人皆让畔；渔雷泽，雷泽上人皆让居；陶河滨，河

大汶口文化期的红陶实足鬶

滨器皆不苦窳。”掌握了烧陶技术，古人就可以自由地去制作鼎、釜、鬲、甑等器皿，进而通过烧、烤、蒸、煮获得健康的饮食。学会了利用陶器，人们便拥有了杯、碗、盂、壶等饮食器。这些形随功能、原始简单的器皿，就是早期为满足生存需要而创造的煮茶喝茶的基本工具。

最早的陶器，几乎都具备敞口、宽腹、圆底的特征，毫无疑问这是最原始的模仿设计。先民们在生活过程中，比较熟悉身边的葫芦、果壳、篮子等，并且在陶瓷出现之前，他们已经学会了利用果壳、蛋壳、贝壳、植物茎叶等具有一定容积的物品，作为

白陶鬶 美国大都会博物馆藏

原始的储物和盛物器皿了。随着生产力的发展和生产技术的进步，人们开始饲养家禽、家畜等，陶瓷器具的器形，便逐渐从植物的仿生，扩大到模拟动物和人的仿生。

此后器皿的造型，虽然复杂了很多，但器具并没有削弱其使用功能，更多的是符合使用目的的有意识的设计，期间还融入了个人情感，使得原始的陶瓷生活器皿有了亲人的温度，萌芽了极富情趣的审美与精神诉求。例如大汶口文化的狗型陶鬶、袋足陶鬶等，其形制有流有把，是活灵活现的、富有浓郁生活气息的盛水或倒水器皿。

《墨子》有“陶铸于昆吾”的记载，这说明在夏代，昆吾人已掌握了铸铜技术。随着陶瓷技术的发展，制陶技术的成熟和窑炉工艺的完善，特别是陶范的烧制成功，到了商代，便催生了青铜器的蓬勃发展，中国由此进入了长达 1500 年历史的青铜时代。青铜器的纹饰，其本身就是陶瓷的纹饰，二者互为因果。青铜器工艺的进步，反过来使得制陶工具不断地完善和精细化，从而又促进了陶瓷技术的发展。

新石器时代晚期，随着生产力的发展，社会财富有了大量剩余，于是分化出了不同的社会阶层，奴隶社会制度开始形成。由于陶器的烧制温度低、质地疏松、吸水率高，为保证贵族们的饮酒需要，质地更坚硬、吸水率更低的原始瓷器应运而生，其装饰特征，也从充满生活意趣的色彩、纹饰、构图等，突然转变为肃

商代青铜鬲

穆庄重、硬朗神秘，甚至充满狞厉之美，以彰显时代的强权、等级、秩序等。当形制与纹饰仍嫌表达不足时，便诉诸文字。

商代晚期，先民们在烧窑时发现，熏染在器皿表面的草木灰，会受热熔化，便形成了灰釉。灰釉的发现，意味着原始瓷器的诞生。草木灰釉的无意识发明与有意识利用，是原始瓷器创制成功的必备条件。当人们掌握了釉的使用技术以后，便主动把草木灰烬涂抹于器皿的表面，从而可以烧成带釉的青、褐色原始瓷器。千度成陶。原始青瓷的烧造，通常要达到 1200℃左右。原始瓷器

马家窑文化期的彩陶

的出现，使得器皿表面变得光滑洁净，不易污染，便于洗涤，且吸水率明显降低。此后，胎质相对松软的陶器，便迅速走向衰落。

原始瓷器是陶器向瓷器过渡阶段的产物，尽管仍处于瓷器发展的初级阶段，但是，从无釉陶器发展到敷釉的原始瓷器，是我国陶瓷史上的重大飞跃和技术进步。彼时即使存在玻璃化的釉，也仍属于灰釉的范畴。经对出土的原始瓷器测定发现，釉中氧化

南北朝时期的青釉碗

钙的含量，可达 15% 以上，其釉色中的青、青黄和褐色等，是釉料中氧化铁的呈色。

近几年，市场热卖的所谓“柴烧”茶器，很多就属于原始的落灰釉烧。如果严格区分，它们尚属于原始青瓷的范畴，这类器皿，大多胎体厚重，烧制温度低，胎体没有完全烧结瓷化，吸水率和显气孔率都比较高，尽管表面有釉，究其本质，仍属于工艺比较落后的釉陶。这些低温的陶器，美其名曰降低或改善了茶汤的苦涩度，其原理，无非是因胎体疏松，产生的吸附作用而已。

灰釉烧制的釉陶茶器，在国内的流行和对之的盲目崇拜，与近年日本茶道在国内的快速传播、影响有关。唐宋时期，日本掀起了全面学习中国的热潮，从中国引进了还原火焰的烧制技术，曾经将烧陶温度提高到千度以上。随着唐风东渐，唐宋的饮茶方式受到膜拜，日本的陶瓷又受到唐代越窑青瓷的强烈影响，深刻推动了日本平安时代绿釉器和专用陶瓷茶器的产生。

当从中国进口的青瓷茶具（又称唐物），珍稀昂贵到非庶民之能力所及的时候，千利休在传承珠光和绍鸥茶道思想的基础上，把寺院的清规、禅僧的生活，与茶道的文化艺术形式结合起来，成为简素的草庵茶的集大成者，并将饮茶的物质需求降低到最低限度。茶器的选择，不再拘泥于过去的珍品名器，真正把日本早期的贵族特权茶道，还原为普通百姓皆可参与的茶道艺术。呈现黑红两色、没有纹饰的乐烧茶碗，就是在日本茶道开始平民化的背景下产生的。《南方录》记载千利休说：“草庵茶的茶具，不足（粗疵）才好。有些人看到茶具上有小小的瑕疵都会讨厌，这是他们不理解侘茶的真趣。”千利休对于茶器提出的“不足之美”，其实是对世俗之美的否定，其思想深刻影响了日本后世茶器的发展与走向。

“孰知茶道全尔真，唯有丹丘得如此。”“茶道”一词，最早是由唐代诗僧皎然大师，在《饮茶歌诮崔石使君》一诗中提出的。日本对“道”的理解或解读，一般多侧重于方式或方法，因此，日本茶道和中国茶道所表达的基本内涵，是迥然不同的。日本的茶道，带有浓重的佛教痕迹和日本的美学、哲学特征，更多注重的是仪轨和修行方式，甚至和茶无关，茶对他们仅仅是一种借以修行的媒介而已。

从商周、春秋战国，到秦汉时期，原始低温瓷器逐步开始向真正的瓷器过渡，尤其到了东汉，已经在上虞出现了和现代瓷胎相近的瓷器残片。该出土标本的烧成温度，可达 1310℃的高温，胎体瓷化致密，吸水率为零，透光度良好。浙江上虞窑，是著名的越州窑的一个窑口，该瓷器残片的发现，是陶瓷历史上一个重要的里程碑，也是陶瓷烧造技术发展的又一次重大飞跃，中国陶瓷由此掀开新的篇章。

《华阳国志·蜀志》记载：“南安、武阳皆出名茶。”贵族们可以武阳买茶，也有仆人为其“烹荼尽具”。此时的茶碗，大概就是原始青瓷，其口径大约为成人大拇指的两倍，尺寸应在 15 厘米左右。那时的茗粥、羹汤，适合用大碗去喝，所以，古代文献里常常会说“喝茶”“吃茶去”。

汉代以烧造青瓷为主，黑瓷较少，而青瓷又以越窑为佳。黑瓷和青瓷，生产工艺基本相同，都是以铁作为着色剂的。其差别在于，当釉料中氧化铁的含量低于 3% 时，烧出的是青瓷；其含

宋代黑釉茶盏 美国大都会博物馆藏

量在 4% ~ 9% 时，就可以烧成黑瓷。黑瓷长期以来，因瓷胎质地较粗，釉色太深太重，无法表现食材、品饮之美，基本不受贵族们待见，故历史上多用作民用器皿。

到了宋代，因蔡襄与宋徽宗都崇尚“茶色贵白”，为了清楚表现点茶击拂产生的咬盏与汤花之白，故“盏色贵青黑”，此后，普通的黑瓷在宋代才有了咸鱼翻身的机会。但是，明初的废团改散、明代文人对茶遂自然之性的追求以及茶色以青翠为上的审美转变，使得明代的饮茶方式又发生了根本性的改变，茶盏开始以白为佳。黑褐色的茶盏，因无法适应欣赏茶汤的需要，而逐步被淘汰退出市场，故明代许次纾《茶疏》里说：“茶瓯古取建窑兔毛花者，亦斗碾茶用之宜耳。”张谦德在《茶经》中讲得也很实在：“向之建安黑盏，收一两枚以备一种略可。”明代以后的黑褐色茶盏，已失去了点茶、赏茶、鉴茶、表现茶汤的实用功能，仅余其收藏、玩赏的意义。

素瓷雪色
缥沫香

“芳荼冠六清，溢味播九区”，出自西晋张载的《登成都白菟楼》，这是中国最早赞颂茶的诗句。《周礼·天官·膳夫》云：“凡王之馈，食用六谷，饮用六清。”古代的“六清”，是指水、浆、醴、凉、医、酏六种饮料。茶饮到了西晋，突然超越了“六清”，而独领风骚，调六气而成美，扶万寿以效珍，可见茶的珍殊众品、地位之高。并且饮茶方式，从四川地区开始向更远处辐射传播。自晋以后，饮茶流风渐渐影响到中下层社会，饮茶习俗在两晋南北朝时期形成，饮茶时尚一时蔚然成风。

一千五百年前的安徽淮南，昙济道人在八公山，以茶款待南朝宋皇室豫章王刘子尚及其哥哥，刘子尚啜茶后兴奋地说：“此甘露也，何言茶茗？”

自古高僧爱斗茶。茶的传播，与道教、佛教和慕道者息息相关。中唐时，封演在《封氏闻见记》记载：唐之前，“南人好饮

东晋越窑鸡首壶

之，北人初不多饮。开元中，泰山灵岩寺有降魔师大兴禅教，学禅务于不寐，又不夕食，皆许其饮茶。人自怀挟，到处煮饮。从此转相仿效，遂成风俗。自邹、齐、沧、棣，渐至京邑，城市多开店铺煎茶卖之，不问道俗，投钱取饮。其茶自江、淮而来，舟车相继，所在山积，色额甚多。”封演的记载比较翔实，当时的北方，是鲜卑人建立的北魏王朝，一些南朝贵族，把南方的饮茶方式带到北魏，还动辄以“水厄”遭到嘲笑。南北朝时，杨衒之在《洛阳伽蓝记》写到被北朝贵族戏为“漏卮”的王肃时，又进一步写道：“其彭城王家有吴奴，以此言戏之。自是朝贵宴会，虽设茗饮，皆耻不复食，唯江表残民远来降者好之。”为什么北魏的达官贵人，在此时仍以茗饮为耻？因为王肃曾经自黑过：“茗不堪与酪为奴。”

降魔师是北禅宗神秀的弟子，唐代开元年间，陆羽的《茶经》尚未问世，他已在济南的灵岩寺坐禅吃茶，促进了北方饮茶习俗的形成和传播。济南在唐代又称齐州，北方的禅茶文化和饮茶习俗，在唐代是以齐州为中心向四处传播的，因此称济南的灵岩寺为北方禅茶文化的祖庭，是名副其实、当之无愧的。

中国茶道的开山鼻祖、一代宗师皎然，深刻影响了陆羽，协助陆羽完成了《茶经》的著述。我能读到的最早关于煎茶的诗，是皎然的《顾渚行寄裴方舟》，其诗云：“初看怕出欺玉英，更取煎来胜金液。”至于煎茶究竟始于何时，还不太好定论，至少在皎然所处的时代，已经比较成熟了。北宋苏轼《试院煎茶》诗：“君不见，昔时李生好客手自煎，贵从活火发新泉。又不见，今时潞公煎茶学西蜀，定州花瓷琢红玉。”其弟苏辙有歌和之，诗云：“年来病懒百不堪，未废饮食求芳甘。煎茶旧法出西蜀，水声火候犹能谙。”苏轼兄弟一致认为煎茶一法出自西蜀，这是极有可能的。西蜀（405 ~ 413），是东晋兵变后由汉人谯纵建立的政权。昔时李生，是指唐代的李约，《唐才子传》记载：李约“嗜茶，与陆羽、张又新论水品特详。” 温庭筠在《采茶录》写道：“李约，汧公子也。一生不近粉黛，性辨茶。尝曰：茶须缓火炙，活火煎。活火，谓炭之有焰者。当使汤无妄沸，庶可养茶。始则鱼目散布，微微有声；中则四边泉涌，累累连珠；终则腾波鼓浪，水气全消，谓之老汤。三沸之法，非活火不能成也。”李约的活火三沸煎茶，与陆羽倡导的煎茶法基本一致。今时潞公，是指北宋著名的政治家文彦博。晋代杜育《荈赋》描述的“惟兹初成，沫沉华浮”的茶汤，煎茶所用的水，即是取自四川岷江的清流。这基本可以证明，《荈赋》所描述的西晋煎茶场景，应该是在西蜀地区。古老的西蜀煎茶法，习惯上在茶汤中多佐以姜盐。陆羽在《茶经》里三次引用《荈赋》的段落，也可看出他对煎茶一法源自西蜀的肯定与认可。苏轼在《寄周安孺茶》诗中感慨写道：“赋咏谁最先，厥传惟杜育。唐人未知好，论著始于陆。”

皎然的《对陆迅饮天目山茶、因寄元居士晟》诗中，有“投

铛涌作沫，著椀聚生花，稍与禅经近，聊将睡网赊”。诗之大意是：将茶末投入沸腾的铛中，溅起称作沫或花的“华”，然后将它倒入碗中饮用。诗中描述的煎茶方式，基本与陆羽《茶经》讲述的煎茶方法吻合。更加生动表现煎茶法的，是皎然《饮茶歌诮崔石使君》中的诗句：“越人遗我剡溪茶，采得金牙爨金鼎。青瓷雪色缥沫香，何以诸仙琼蕊浆。”在该诗中，皎然继续写道：“一饮涤昏寐，情思朗爽满天地。再饮清我神，忽如飞雨洒轻尘。三饮便得道，何须苦心破烦恼。此物清高世莫知，世人饮酒多自欺。”“此物清高世莫知”，与西晋张载的“芳茶冠六清”，以及晚唐裴汶的“参百品而不混，越众饮而独高”，来因去果，一脉相通，突出了茶为万木之首，上通天境、下资人伦的超然高洁。

之前，杜育《荈赋》有“沫沉华浮，焕如积雪”，陶弘景注解说：“茗皆有浡，饮之宜人。”结合皎然大师的诗句，我们能够得出一个结论，他们描述的饮茶，已不是远古的茗粥或羹饮，此时的煮茶方式，已属于中规中矩的煎茶法了。其所用的上等茶末，其屑如细米，否则就不会产生“焕如积雪、烨若春敷”的沫浡了。

如果把视线聚焦到皎然所用的茶器上，我们便会发现，皎然在与文人、贵族们吃茶时，多会选择白瓷的茶碗。因为与皎然相关的茶诗有：“素瓷雪色缥沫香”，“素瓷传静夜”等。《说文》云：“缥，帛青白色也。”杜甫也有诗“君家白碗胜霜雪”。皎

唐代白釉执壶 荷兰国立博物馆藏

然对茶器色彩的选择，尽管可能与个人的偏好有关，但与之后陆羽推崇的“青则益茶”的观点大相径庭，从中能够看出，陆羽在茶器美学之路上的务实与突破，比他的老师皎然走得更加深远，师其意而不师其迹，青出于蓝而胜于蓝。

不过，我们还要注意一下皎然的《饮茶歌送郑容》诗：“云山童子调金铛，楚人茶经虚得名。”显然，皎然对陆羽著述的《茶经》是不满意的。《茶经》的缺憾之处，在于陆羽没有对皎然精研的高于同时代的茶道成果，做进一步的继承和阐述。陆羽的煎茶，尚停留在“三沸”及“荡昏寐，饮之以茶”的技艺层面，并没有沿着皎然的脚步，实现“再饮清我神，三饮便得道”的“道”的突破。皎然作为一个德高望重的佛门中人，又能和自己的学生计较什么呢？他也只有在老朋友的面前，发发牢骚罢了。

皎然去世之后，陆羽开始深刻反省自己，愧疚中不乏深情，他在一个万木萧疏的初冬，毅然决然离开苏州，再次回到湖州，重新开始追随皎然大师的行迹与遗志，并写下了悼念皎然的诗句：“禅隐初从皎然僧，斋堂时溢助茶馨。十载别离成永诀，归来黄叶蔽师坟。”在皎然的坟前，“野服浸寒瑟瑟身”的陆羽，究竟想对老师说些什么？十年前又发生过什么样的误会？其中的真相缘由，我们只能从皎然与李季兰的酬答诗中，去细细体会了。

南青北白
各有韵

原始陶瓷从新石器时期发展到隋唐五代，不仅其造型、质地、窑温、釉水、装饰、造物观和气韵等，不断进行着革新和演变，而且由于生活方式、坐姿和居住条件的不断改变，器具的形制、茶器的圈足、茶器的容量，也随之相应地动态变化着。但无论怎样发展，都是基于实用和美的统一。

《论语》曰：“席不正，不坐。”过去的人们席地而坐，为了用手抓取食饮器具的便捷，只能提高器具的高度，如我们今天在博物馆看到的陶豆、高足碗等。利用喇叭形的圈足抬高器具，这相当于把放在地面上的食物提高了一截，增加了近人的距离，使人们的视野变得更加开阔，在视觉上利于观察和欣赏，增加食物的丰盛、诱惑之感。六朝以后，随着佛教的传入，衣服的完善，贵族们由传统的乘车改为了骑马，特别是随着建筑技术的发展，建筑斗拱的成熟和推广利用，人们的居住空间，不断增高和扩大。

唐三彩

西晋以后，西北少数民族进入中原，其生活方式和文化，对汉族过去的生活习惯冲击较大。受此影响，汉族传统的低矮家具，逐渐变得高大，床榻、椅凳等坐具相继出现。在人类的坐具发生彻底改变以后，人们的肢体行为变得更加松弛和自如，传统的席地而坐制度，很自然地向垂足而坐转变，这种改良的趋势不可阻挡。

高大桌椅的应用和垂足而坐的行为方式，深刻地影响了食饮器的发展和变革。过去的家具矮小，人们席地而坐，器具的体积往往做得较大，而且为了安置得平稳，器皿的底足一般选择无釉的平底。但当需要把食饮器具、摆放在较高的桌子上使用以后，器具的体积，只能比过去缩小很多。器具肩上的耳系，因不需要吊挂，也变得可有可无。尤其是隋唐五代之后，茶器造型逐渐由大变小，并逐渐趋于精致化。同时，由于考虑到无釉平底或圆饼底的器具对桌面的磨损，就需要在器具的底部，增加一个矮短的圈足。圈足的出现，首先减少了器具对桌面的磨损，其次增加了器具在桌面上安放的稳定性。在解决了圈足的实用功能之后，为了美观，器具的圈足开始上釉，并变高变小，器皿从浑圆厚重变得轻盈修长，具足了形式之美。这些具体的改变，正如我在《茶席窥美》所讲："饮茶方式的改变，深刻影响着茶器的变化，而茶器的革新与改进，一定符合实用且美的原则，美是为实用服务的。"

魏晋南北朝时期的饮茶方式，从粗放的茗粥、羹饮，逐渐趋于精细化，饮茶仪轨逐渐自觉形成，煮茶开始强调茶汤沫浡之华美，皤皤然若积雪耳。茶，作为时代的风流雅尚，被士人广泛接受，成为宴席和聚会时"倍清谈""助诗兴"的必备饮品。《三国志》中，有吴国君主孙皓"密赐茶荈以当酒"的记载，以茶代酒的成语，即出于此。饮茶产生了雅趣，茶饮才能孕育出文化。士族的品位及魏晋风骨，深刻影响着茶器与饮茶审美的形成。追求事物的内在气韵，成为当时一种崭新的美学标准。茶心复诗心， 一瓯还一吟。随着杜育的《荈赋》、孙楚的《出歌》、张孟阳的《登成都白菟楼》等茶文的相继问世，茶与茶器的精神气质、文人情趣等，开始催化酝酿，为唐代茶文化的培育与兴盛提供了巨大的温床和思想保证。

陶瓷器具的发展，尽管成熟于汉末，但是发展到了六朝，方算正式进入了瓷器时代。从此，瓷器因美观实用、细腻光洁，逐步取代了陶器、漆器、青铜器，成为主要的生活用品。在这段历史时期，茶器的发展，还没有太多地受到饮茶方式的影响。

六朝以后，陶瓷大致分为了南北两个体系。南方瓷器中的青瓷，成就较高，釉层青翠泛绿，有的略带暗黄，朴素莹润，绮丽轻巧。北方瓷器釉层较薄，含玻璃质，颜色灰中泛黄，淳朴厚重。值得骄傲的是，在北齐时代，北方成功烧出了白瓷。虽然此时的白瓷，釉色呈现乳白，白得不很纯粹，但它确实是中国陶瓷史上浓墨重彩的一笔。白瓷的出现，为中国瓷器后期的彩绘艺术，打开了一扇无限可能的窗户，为青花、釉里红、斗彩、五彩、粉彩等的出现，提供了最大的可能性。

白瓷，是陶瓷史上继青瓷、黑瓷出现的第三个重要品种。白瓷的烧成，需要把瓷土中的含铁量，控制在较低的程度，烧制难度较大，故在当时量少价珍，仅限于贵族们使用。考古的证据证实，北朝前后出土的白瓷生活器皿，只见于高等级贵族墓葬。即使到了唐代，像陆羽这个阶层的平民，是很难有条件、有资格使用精细白瓷的。行文至此，我们就可以明白，为什么以皎然、颜真卿为代表的贵族文人，一直钟情于类银似雪的素瓷了？在日常生活中，能够有条件、有财力使用精细的白瓷茶器，更多展示的

隋代白瓷 美国大都会艺术博物馆藏

是自己不俗的社会身份，也是阶层富足与生活精致的象征。即使是在陆羽的《茶经》问世之后，“应缘我是别茶人”的白居易，依然喜欢把玩和使用白色的瓷瓯。有诗为证：“此处置绳床，傍边洗茶器。白瓷瓯甚洁，红炉炭方炽。沫下曲尘香，花浮鱼眼沸。盛来有佳色，咽罢余芳气。”白居易眼里的“佳色”，可能是茶汤呈现出的红白两色。如果不是严格按照绿茶的审美去审视茶汤的色泽，白乐天对白瓷的选择，还是符合他“人心不过适，适外复何求”的豁达个性的。

尽管中唐李肇所著的《唐国史补》曾有记载：“内丘白瓷瓯，端溪紫石砚，天下无贵贱通用之。”但是，文中的“通用之”，指的还是产量巨大、行销市场的粗白瓷器，而非可堪持玩的、专供皇亲贵族使用的精细白瓷。

青瓷是以铁作为着色剂的瓷器，产量巨大。青瓷的釉色，是胎釉中的铁元素，在还原气氛中处于低价状态的呈色。如果其中的铁元素，在氧化气氛中处于高价状态，则釉面呈黄赤色，如《茶经》提到的“寿州瓷黄”。故青瓷的烧造温度较高，胎釉致密，釉色清莹。以浙江越窑为中心的众多窑厂，继承与发展了东汉早期青瓷的技术和成就，此时已经能够烧制出非常成熟的青瓷了，其中以越窑、瓯窑、岳州窑、婺州窑最为著名。

佛教大约在汉代传入中国，六朝时期的器具，受到了佛教艺术的影响，莲花的造型和图案，被引用到陶瓷设计之中，给后世

唐代越窑青瓷执壶

的茶器增加了清雅脱俗之美。一度兴盛的佛教艺术，虽然渗透到了陶瓷设计的形制之中，但是，刚刚萌芽的中国茶道，至少到唐代，仍然主要受着致虚守静、崇简抑奢、道法自然的中国本土道教的影响和育化。

人间相学
事春茶

魏晋南北朝时期，茶由西南的巴蜀地区快速向广袤的东南地区渗透、传播，中国茶业的重心，沿着长江流域逐渐由西向东偏移，客来敬茶成了普遍的礼仪。

南齐武帝萧赜崇尚节俭，他临终前订立遗诏，以茶饮作为祭品，可见萧赜爱茶的至死不渝。从晋代开始，道教、佛教与茶结缘，以茶醒神，以茶修行，以茶悟道，以茶养生。诗僧皎然言茶："稍与禅经近，聊将睡网赊。"又有"三饮便得道，何须苦心破烦恼"，"孰知茶道全尔真，唯有丹丘得如此"。皎然的"三饮"，层层递进，神韵迸发，深刻揭示了茶的精神属性。茶饮三碗时，道已证、集已断，苦已灭，云开月见，烦恼自是荡然无存，又何须祛除烦恼呢？皎然借手中的三碗茶，断无明、破烦恼，明心见性，把禅茶一味的体悟，明确地阐述出来，并在中国历史上首次总结和提出了"茶道"一词，为后世中国茶道的丰富和发展，

指明了方向。从此，国人的饮茶格局，突破了解渴、醒神、保健的物质层面，上升到滋养心灵的精神层面。不仅如此，皎然的“三饮”，还影响和启蒙了晚唐卢仝《七碗茶歌》的问世。

隋朝立国 39 年而亡，如过眼烟云，不容忽视的是，它既为大唐帝国的建立奠定了基础，同时也是陶瓷史上一个新时代的开端。白瓷的烧制技术，在隋代克服了铁元素对呈色的干扰，而臻于成熟。另外，开国皇帝杨坚罹患脑病，经常头疼，后遇一僧人对他讲：“山中有茗草，煮而饮之当愈。”此后的杨坚，经常饮茶，

唐代长沙窑 美国大都会博物馆藏

头痛之患果然奏效。皇帝好茶，朝野皆知，上有所好，下必甚焉。臣民们闻知此事，纷纷采茶饮茶，由上而下，促进了饮茶的发展和普及。明代万邦宁《茗史》中记载的“穷春秋，演河图，不如载茗一车”，讲的就是隋文帝饮茶之事。隋文帝作为中国历史上最有影响力的皇帝之一，身体力行，对饮茶的推动和影响，其榜样的作用是无法估量的，甚至孕育了大唐第一个茶文化高峰的到来。

初唐 704 年，孟诜编撰的《食疗本草》写道：“茗叶利大肠，去热解痰。煮取汁，用煮粥良。又茶主下气，除好睡，消宿食，当日成者良。蒸捣经宿，用陈故者即动风发气。”文中的“蒸捣经宿”，能够充分证实，在唐代初期，已经存在成熟的蒸青和捣压制作工艺了。也就是说，陆羽《茶经》记载的“蒸之，捣之，拍之，焙之，穿之，封之”的蒸青绿茶，在唐代初期业已出现。这可以充分说明，唐代初期茶的制作，由原始的晒青白茶时代，很清晰地进入了蒸青绿茶时代。这是我能查阅到的关于蒸青绿茶诞生的最早史料。

公元 701 年出生的李白，在《答族侄僧中孚赠玉泉仙人掌茶》诗序云：“余游金陵，见宗僧中孚，示余茶数十片，拳然重叠，其状如手，号为‘仙人掌茶’。”诗序中的仙人掌茶，是指经过蒸压过的饼茶，茶饼以片计量，故饼茶又称“片茶”。后来，郑谷《峡中尝茶》诗中有“开缄数片浅含黄”，白居易也有“绿

大唐贡茶院一角

芽十片火前春”。李白诗中的“曝成仙人掌，以拍洪崖肩”，其中的“曝”，不能单纯理解为生晒，他所表达的准确意义，应如《茶经》记载的“蒸之、捣之、拍之、焙之”等，是一整套的完善的蒸青制茶工艺。如果再深究一下，此时茶叶的制作工艺，如果仅仅依靠晒青，又如何能压得成饼茶呢？只能像早期朴素原始的“以米膏出之”了。仅仅依靠米浆黏结，或是没有经过适度蒸压的饼茶，又如何“以拍洪崖肩”呢？更不会如李白所言：“拳然重叠，其状如手。”

大唐盛世，以僧人皎然、文人钱起为代表的文人雅士，开始以茶集会，挥翰赋诗，一时风云际会，蔚然成风。安史之乱以后，大约在公元 756 年，年仅 24 岁的野人陆羽，离开故乡湖北竟陵，经过巴山峡川，寻泉问茶，来到江南，辗转于太湖之滨，大约在唐肃宗至德二年（757），在吴兴的妙喜寺，陆羽结识了其主持皎然，清谈品茗终日，成为缁素忘年之交。陆羽通过结缘皎然大师，自然也介入了皎然的权贵才子朋友圈，借此拓展开阔了自己的眼界与视野。皎然大师长陆羽十三岁，隐心不隐迹，在皎然不遗余力的帮助和筹划下，陆羽得以安心“结庐苕溪之滨，闭门对书”。结庐苕溪之湄期间，根据陆羽的《陆文学自传》记载：“常扁舟往山寺，随身惟纱巾、藤鞋、短褐、犊鼻。往往独行野中，诵佛经，吟古诗，杖击林木，手弄流水，夷犹徘徊，自曙达暮，至日黑兴尽，号泣而归。”令人奇怪和不解的是，陆羽为什么会每每号泣而归？难道他也不堪寂寞的折磨和重压？从中能够窥见，陆羽性情的异于常人。但陆羽运气真的是好，在皎然尽心尽力的资助下，他可以衣食无忧，“闭关对书，不杂非类，名僧高士，谈宴永日”。又在诗僧皎然无私的策划、指导下，陆羽开始心无旁骛地著述《茶经》。大约在上元初年（760），不足30岁的陆羽完成了《茶经》的初稿。初稿一经问世，就以挂图的形式，在亲朋好友之间竞相传抄。如《茶经·之图》所倡导：“以绢素或四幅或六幅，分布写之，陈诸座隅，则茶之源、之具、之造、之器、之煮、之饮、之事、之出、之略，目击而存，于是《茶经》之始终备焉。”这也是后世《茶经》版本杂乱、部分章节文理不通、甚至不知所云的根本原因。据统计，从最早的南宋左圭编咸淳九年刊《百川学海》本到现在，至少有六十余种《茶经》版本流传于世。

《茶经》甫一问世，中国饮茶革命的面目，便焕然一新了。北宋梅尧臣诗云：“自从陆羽生人间，人间相学事春茶。”饮茶之风，如陆羽《茶经》所记：“滂时浸俗，盛于国朝两都并荆渝间，以为比屋之饮。”

《茶经》奠定
唐煎茶

《茶经》的问世与广为传抄，使得“天下益知饮茶矣”。宋代陈师道在《茶经序》说：“夫茶之著书，自羽始，其用于世，亦自羽始。羽诚有功于茶者也。”陆羽不仅开创了为茶著书立说的先河，而且通过整理、研究中唐以前的历史文献，总结业已存在的煮茶、煎茶规律，以顾渚紫笋茶为标杆，把与茶有关的经验、知识进行系统总结，并提升到了理论的高度，从而构建了包括茶文化在内的传统茶学知识体系，同时也奠定了煎茶道的基础。

《封氏闻见记》记载：“楚人陆鸿渐为《茶论》，说茶之功效并煎茶炙茶之法，造茶具二十四事，以都统笼贮之。远远倾慕，好事者家藏一副。有常伯熊者，又因鸿渐之论广润色之。于是茶道大行，王公朝士无不饮者。”从封演的记载能够看出，陆羽总结和创立了煎茶道，但煎茶道大兴于天下，却是与常伯熊的美化和积极推广分不开的。

陆羽《茶经》的「叶卷者上」

我们今天读到的《茶经》，在唐代《茶经》的相互传抄过程中，常伯熊可能对其中涉及煎茶的部分，做过精心地修改。常伯熊在唐代，属于超级发烧的好事者之一，其煎茶手法，可能受到了陆羽《茶经》的熏陶，但其煎茶水准，却是要大大高于陆羽。青已蓝矣，无可厚非。常伯熊备齐了煎茶的二十四器，“著黄衫、戴乌纱帽，手执茶器，口通茶名，区分指点”，以身示范，在实践中可能丰富了陆羽煎茶的程式，抑或纠正过《茶经》煎茶可能存在的不足，推动和引导王公贵族们学习煎茶的热情，赢得了“左右刮目”。常伯熊对煎茶发扬光大的贡献，与明代闵汶水对工夫茶的启蒙一样，他们虽然述而不作，却厥功甚伟。这段曾经的历史，我们不应视而不见。茶道大行之后，饮茶之风刺激了对茶器的专业需求，茶与茶器，从此进入了一个积极互动、相互促进的良性循环之中。

陆羽的《茶经》，从备器、择水、取水、候汤、炙茶、碾罗、煎茶、酌茶、品茶等，规范了茶器的范式与煎茶程序，从这些规定可以看出，陆羽提倡的煎茶，是对西晋《荈赋》的“酌之以匏，取式公刘”的提高和细化。他把喝茶从粗放的煮饮，变为慢煎细品、啜苦咽甘，使喝茶方式趋于礼仪化、精致化，其一招一式，一举一动，包含了浓浓的人文精神。唐代煎茶道的确立，无疑是饮茶历史上一次巨大飞跃和行为革命。

在《茶经》问世之前的茶的煮饮，古人很智慧地考虑到了常

陆羽《茶经》的「上者生烂石」

饮浓茶，经年累月，可能会对身体造成某些损害。寒则热之，故在日常煮茶时，非常必要地在其中添加了温热性的调味品，以中和、调节浓茶的寒性刺激。陆羽《茶经》写道：“或用葱、姜、枣、橘皮、茱萸、薄荷等，煮之百沸，或扬令滑，或煮去沫，斯沟渠间弃水耳，而习俗不已。”陆羽认为，此种煮茶是民间喝茶的习俗，在茶里增加了调味品，或把茶煮得太过，或扬汤让茶一再沸腾，或刮去煮茶美丽的沫饽，不仅会失去了茶的真味、真香，而且又无法欣赏煎茶的重华累沫之美，如此煮饮的茶，了无生趣，这与沟渠里弃掉的废水又有什么区别呀！

陆羽在改造煮茶的过程中，假如能把独留的一味盐也去掉，那该是多么的完美！晚唐诗人薛能的《蜀州郑使君寄鸟嘴茶》诗中，有“盐损添常戒，姜宜著更夸”之句。我很认同薛能的独特见解，在煎煮寒性较重的浓茶时，加姜比加盐会更合理，茶与姜，一阴一阳，相得益彰。苏轼《东坡杂记》说：“唐人煮茶用姜，故薛能诗云：‘盐损添常戒，姜宜著更夸’，据此，则又有用盐煮者矣。近世有用此二者，辄大笑之，然茶之中等者用姜，信佳也，盐则不可。”其实，煮茶加姜，在我国已有悠久的历史。东坡先生也承认，对于长期饮用的中低端茶，加姜比加盐要科学合理。姜茶配合治疗痢疾等疾病，在中医实践中多有应用。

对于茶中加盐，清人阮葵生在《茶馀客话》里有不同的看法，他说：“芽茶得盐，不苦而甜。”或许在唐代，由于茶煎煮得过浓，在苦涩的茶汤里适当加一点盐巴，根据味觉增益原理，委实能够有效抑制苦味，或能增加茶汤的鲜甜滋味。

陆羽在著述《茶经》的过程中，通过扬弃诸多调料，控制煎水时间，对煮茶程序进行了科学的改进，使茶汤变得更美丽、更可口，散发出清新隽永的文化韵味。他将茶从瀹蔬羹饮的生活日常中提升出来，成为一种“参百品而不混，越众饮而独高”的独立文化饮品，从此，普罗大众的茶饮，步入了带有精神属性的清饮时代。但是，陆羽因个性原因，致使《茶经》对于精神层面的生发，存在着较大的局限性，正如前文讲到的，他没注意吸收当

代茶道研究的最新成果，忽视了对皎然茶道精神的传承与发扬，这一点值得玩味深思。陆羽煎茶，仍停留在“三沸”“三碗”的技法层面，他没有沿着老师皎然的指引，再向前大幅跨出一步，他并非不知，可能不为，不能不说这是陆羽《茶经》一书的缺憾。其茶道思想，并没有达到或超越同时代的高度和水准，这可能也是皎然批评陆羽“楚人茶经虚得名”的原因之一。

或许我们不该对陆羽求全责备，毕竟他在写完《茶经》时，还不足而立之年，还不能像皎然那样，人淡如菊，还无法脱去浓郁的文艺色彩，去抽象出茶汤所蕴含的哲学意义。

晚唐卢仝的《七碗茶歌》，则从形而上的层面，全面传承发扬了皎然茶道思想的精髓。他从皎然的“三饮”，层层递进扩展到“七碗”，使得“王公谁不仰高风”。在卢仝《笔谢孟谏议寄新茶》这首传世名作里，“七碗”只是虚指，旨在表达饮茶在不同层次上的感受。我们切不可把茶诗中的“七碗”，浅薄地理解为喝茶的数量。明代罗廪《茶解》说：“卢仝七碗，亦兴到之言，未是实事。”真哉斯言！清代诗人袁枚，可能受了陆羽“夫珍鲜馥烈者，其碗数三”的影响，否则，袁枚不可能对卢仝造成类似的误解，他在《试茶》诗中批评卢仝：“叹息人间至味存，但教鲁莽便失真。卢仝七碗笼头吃，不是茶中解事人。”

陆羽一生坎坷，却常遇贵人，玉汝于成，他著述《茶经》时，有皎然的指导和帮助；写完《茶经》后，又有常伯熊等人的润色与力推。试想，假如在唐代，如果没有常伯熊等人的鼎力示范推广，单靠陆羽自己，《茶经》不可能如此星光灿烂。

据《封氏闻见记》记载，御史大夫李季卿曾请陆羽演示煎茶，“鸿渐身衣野服，随茶具而入”。茶毕，赏陆羽茶钱三十文。陆羽的煎茶手法和行为，受到了李季卿的否定和鄙视，陆羽为此深感羞愧，便写了《毁茶论》一篇，可惜此论湮没无存，否则，我也想看看，陆羽到底对此事件有着怎样的反思？在《全宋诗》中，曾收入了北宋进士唐庚的《嘲陆羽》一诗：“陆子作茶经，竟被茶所困。其中无所主，复著毁茶论。”南宋曾以陆羽后人自居的陆游，也写诗记述此事：“难从陆羽毁茶论，宁和陶潜止酒诗。”

陆羽被高雅不凡的李御史侮辱，在李季卿的眼里，陆羽煎茶表演的出场费，仅值区区三十文钱，其薪酬和跑堂的茶伙计一样，这不能不让性格怪异的陆羽如雷轰顶。一方面，说明李季卿可能存在着以貌取人的倾向；但是，这个事件是发生在演示茶毕以后。另一方面，也反证了陆羽的衣冠不整，形象不佳；其煎茶水准，很可能不如常伯熊端庄优雅、动作流畅、自成章法。茶汤是否也不如常伯熊煎得馥郁可口？既然天宝年间的进士封演，能把这段历史记入唐代文献，说明这件事情已非同小可，在当时确实是一件轰动文化圈的大事。

陆羽写《毁茶论》一书，可能不只是仅仅受到了李御史的嘲弄这么简单，还有可能当时也面临着湖州茶农的责骂所致。因为是陆羽建议李栖筠将紫笋茶纳为贡茶的，而顾渚贡焙的设立，却给茶农带来了无尽的深重灾难。在顾渚紫笋茶未列为贡茶之前，陆羽在《与杨祭酒书》中曾写道：“顾渚山中紫笋茶两片，此物但恨帝未得尝，实所叹息。一片上太夫人，一片充昆弟同啜。”

一代茶道大师常伯熊，对推广与润色《茶经》充当了急先锋的作用，但因饮茶过多过浓，损害了他的健康而患重病，故常伯熊“晚节亦不劝人多饮也”。

苏轼在《仇池笔记》中说：“除烦去腻，不可缺茶，然暗中损人不少。”医学大家李时珍也告诫世人：“民生日用，蹈其弊者，往往皆是，而妇妪受害更多，习俗移人，自不觉尔。况真茶既少，杂茶（劣质茶）更多，其为患也，又可胜言哉？人有嗜茶成癖者，时时咀啜不止，久而伤营伤精，血不华色，黄瘁痿弱，抱病不悔，尤可叹惋。”饮茶发展到今天，劣质茶的数量更是惊人，非专业人士很难分辨。茶，纵有千般好，如果不注意控制饮茶的量和度，也必将为茶所害，尤其是嗜饮大叶种普洱生茶的女士，不可不慎。诗文、书法俱妙的茶学大家蔡襄，一生爱茶如痴，终因年老体虚不能饮茶，于是，他便每天把玩茶饼、茶器，饶有兴趣地欣赏点茶之乐。蔡公君谟，真高士也。量力而行，喝好茶、少喝茶、喝淡茶，不失为饮茶的智慧之举。

唐代主流
是饼茶

唐代煎煮的茶，根据《茶经》记载，大致分为粗茶、散茶、末茶、饼茶四种形态。其制作工艺基本为："晴采之，蒸之，捣之，拍之，焙之，穿之，封之，茶之干矣。"其中的"蒸、捣"技术，是蒸青饼茶制作的核心。在古代，饼茶的制作之所以成为主流，关键解决的是彼时如何缩小体积、便于运输、便于存储的难题。在日常的生活、生产实践中，茶叶的采摘制作，渐渐由粗老的叶茶，逐步提升为较嫩的春之茗芽。茶叶从远古的晒青，到唐代蒸青工艺的发明，则是一个去芜存菁的杀青技术的质变过程。由于蒸青茶的香气不高，干燥较难，制作时费工费力，中唐时已经局部萌芽了绿茶的炒青工艺，这一点可从唐代刘禹锡的诗中得到证实。其诗曰："自傍芳丛摘鹰嘴"，"斯须炒成满室香"。

在茶叶品质的选择上，唐代已经对产生优质茶的土壤、环境、茶树的形态，建立了科学的认知，直到今天，仍具有很强的指导

作用。《茶经》云：“上者生烂石，中者生砾壤，下者生黄土。凡艺而不实，植而罕茂，法如种瓜，三岁可采。野者上，园者次；阳崖阴林，紫者上，绿者次；笋者上，芽者次；叶卷上，叶舒次。阴山坡谷者，不堪采掇，性凝滞，结瘕疾。”到了中唐，刘禹锡诗中的“阳崖阴岭各殊气，未若竹下莓苔地”，则是对《茶经》所述“阳崖阴林”等宜茶环境的更深层次的观察与认知。

在灭草剂、催芽剂、农药等无序泛滥施用，在农残污染令人防不胜防的当下，茶树的“上者生烂石”“叶卷者上”，尤其是“竹下莓苔地”等，则可作为我们正确选择健康、放心佳茗的一

竹下霉苔地

把屡试不爽的标尺。长期以来，赢得朋友赞誉的私房茶“红袖添香”“携谁隐”“枞味如斯”“桃花绝品”等，就是在国家级的自然保护区内，产自桐木关高海拔的、典型的竹林野茶，其环境清幽，白云萦绕，阳崖烂石，竹林合围，杂花乱树，霉苔遍地。“喜随众草长，得与幽人言。”这是清绝有灵的茶树的自然选择。对于那些无树木蔽荫、无杂草、无青苔伴生的茶园里所产的茶，望而却步，不去购买，方为明智之举。当地有经验的老茶农常讲，好茶是吃露水长大的，好茶喝的是生态，信哉斯言。

对于蒸压的饼茶，陆羽具有丰富的实践经验和独特的审美。他在《茶经》里说：“或以光黑平正，言嘉者，斯鉴之下也。”陆羽对茶的判断，并没有想当然的以貌取茶，这是特别值得我们学习的。我在《茶味初见》里曾告诫大家，早熟的瓜不甜，真正品质好的健康茶、荒野茶，往往生长慢，叶片厚，不好揉捻，桀骜不驯，大多茶的外观也不甚好看。很多地方的明前茶，不见得会比另一产地的雨前茶品质更好，其品质与该茶的品种，所处的纬度、海拔、气候、土壤、山场等多种因素相关。而生态欠佳、海拔低、阳光强、生长快，叶片薄的品种茶，甚至是打了催芽剂的某些园茶，萌发快，上市早，相对容易揉捻成形，却是外观清丽，条索匀整，煞是养眼。茶是用来放心喝的，不是纯粹用于观赏的。过于追求茶的外观表象，可能会与好茶接踵擦肩而不识。

煎茶前，先要以火烤茶，等把茶饼炙烤恰当以后，要趁热用纸袋储藏，待冷却后，再碾成形如细米的茶末备用。

煎茶时，在鍑中先煎水。初沸时，调之以盐味，保留煎茶加盐的旧习，说明陆羽对过去煮茶的改造，还是不够彻底。二沸时出水一瓢，以竹夹环激汤心，从鍑中心的漩涡处，顺势加入估量好的茶末。等水翻滚的如奔涛溅沫，及时把二沸舀出的那一瓢温热的水，加进鍑内以止沸，让茶末多煮一会，孕育汤华。等水腾波鼓浪，即是三沸。三沸的水，才是真正被烧开的沸水。三沸以后，茶汤不能再继续加热。若再继续煎茶，茶汤就会过于浓苦、青涩、刺激。《茶经》云："已上，水老不可食也。"文中的"水老"，首先指的是，过煮的茶汤会苦涩难咽，其次指的是反复烧开的水，这会大幅降低茶汤中氧气和二氧化碳的含量，并可能造成水中致癌物质亚硝酸盐的增加。尽管亚硝酸盐的浓度较低，不至于危害到人体的健康，但水的清冽口感、新鲜度和活性，却是大大降低了。此举耗电耗能，得不偿失。从本质上讲，陆羽把过去粗放的煮茶习惯，改良为三沸煎茶法，其实主要解决的还是茶汤的浓度控制问题。同一款茶的品质表达，水温及茶汤浓度是决定性因素。我们今天诵读《茶经》时，对于某些字词，千万不可望文生义。如"沸"，是指水的翻滚波涌状态，并不一定是达到100℃、完全烧开的状态。只有等水沸的腾波鼓浪了，才是真正的水的三沸状态。古人没有温度计，无法去准确标记烧水的温度。他们对所加热的水的判断，只能依靠眼睛，从敞开无盖的鍑内去

唐代越州窑茶碗

作分辨、判断。“其沸如鱼目，微有声为一沸；缘边如涌泉连珠为二沸。”针对一沸、二沸的表象，我们可以用透明的玻璃壶做个试验。一沸时，水沸的气泡，大小如鱼的眼睛，刚能听到点如松风吹拂的声音，这时的水温，大约在 30℃ ~ 50℃。等到玻璃壶的边缘上，气泡运动如涌泉连珠，烧水的声音如骤雨松鸣时，其对应的水温，大约在 60℃ ~ 80℃。这一点，在明代张源的《茶录》里讲得比较清晰，他说：“如虾眼、蟹眼、鱼眼连珠，皆为萌汤；直至涌沸如腾波鼓浪，水气全消，方是纯熟。”所谓萌汤，即是没有烧开的水。等腾波鼓浪，水至三沸时，才是水的沸腾纯熟状态，此状态下煎煮的茶，其真香、真味方能准确地表达出来。

陆羽在《茶经》里强调了茶要热喝，“乘热连饮之”，其目的在于饮其精华，去寒存用。他明确指出了越州茶碗的容积，受水在半升以下，而每次煮茶一升，酌分五碗。也就是说，每碗所盛茶汤的容量，大致为茶碗容积的五分之二。这一点，与陆羽提出的“茶之为饮，味至寒，为饮最宜精”的告诫，是高度一致的。

对于饮茶人的品格要求，陆羽强调了须是品行具有俭德之人。俭以养德，这与陆羽在下文提出的“茶性俭”的观点，是契合的、呼应的。而同时代的刘禹锡，提出的要求似乎更高，“欲知花乳清冷味，须是眠云跂石人”。在唐代酝酿形成的饮茶要与人品相得的观点，对后世尤其是明代影响颇大。明代陆树生就持此类观点，他在《茶寮记》说：“煎茶非漫浪，要须其人与茶品相得，故其法每传于高流隐逸，有云霞泉石磊块胸次间者。”到了徐𤊹，就开始把饮茶过度神秘化、玄虚化，他在《茗谭》写道：“饮茶，须择清癯韵士为侣，始与茶理相契。”“茶事极清，烹点必假姣童、季女之手，故自有致。”若夫腯汉肥伧、虬髯苍头之人，甚至连泡茶、品茶的资格都失去了，这类矫情的假理论、假精致、假清高，还是不要为罢。以徐惟起为代表的这批明代文人，似乎已经集体患上了饮茶的精神洁癖症。

过于把茶神化，容易产生神棍。无原则地把茶玄虚化，不利于茶的推广和普及。茶为清赏，其来尚矣。茶饮得其趣，清心神，涤烦襟，破孤闷，七碗下咽而清风顿起，足矣。若人胖点、老点，于茶品又有何妨？

青瓷益茶
越窑上

煎茶三沸以后，酌分的茶汤，“其色缃也”。“缃”，是指煎出的茶汤，呈现浅黄色。绿茶煎出淡黄色的茶汤，与白的沫浡组合在一起，就是陆羽描述的“茶作红白之色”。红的是汤色，白的是沫浡，如此错综的视觉效果，对于绿茶的表达，无疑是令人尴尬的。陆羽的过人之处在于，他很智慧地提出了“青则益茶”的实用且美的器物观。

陆羽在《茶经》里说：“碗，越州上，鼎州次，婺州次，岳州次，寿州、洪州次。或者以邢州处越州上，殊为不然。若邢瓷类银，越瓷类玉，邢不如越一也；若邢瓷类雪，则越瓷类冰，邢不如越二也；邢瓷白而茶色丹，越瓷青而茶色绿，邢不如越三也。晋杜毓《荈赋》所谓‘器择陶拣，出自东瓯’。瓯，越也。瓯，越州上，口唇不卷，底卷而浅，受半升已下。越州瓷、岳瓷皆青，青则益茶，茶作白红之色。邢州瓷白，茶色红；寿州瓷黄，茶色紫；洪州瓷褐，茶色黑：悉不宜茶。”陆羽从宜茶的美学角度，

唐代邢窑茶碗

对唐代各大窑口的瓷器，进行了专业而又精确到位的点评，这说明陆羽不仅通晓茶学，熟悉各大窑厂的产品形制，而且能够立足实用，使平凡的茶器，化腐朽为神奇，并把茶器鉴赏提升到了艺术审美与人文精神层面。他尤其从宜茶的角度，对越窑和邢窑作了细致入微的比较与探究。

在茶器的选择方面，陆羽既没有掺杂个人的喜好，也不以价格高低论优劣，只要健康致密、实用且美，就是宜茶的佳器。陆羽为什么会把越窑列为第一呢？

首先，茶器要能表现茶汤之美，“越瓷青而茶色绿”，青翠的釉色，会对淡黄的茶汤起到良好的修饰和遮掩作用。而“邢瓷白而茶色丹”，是因红色与白色的对比过于强烈，白色的瓷器容易放大唐代绿茶茶汤的缺陷。

其次，越窑生产的茶瓯，口径比邢窑小，器壁呈斜直形，器身较浅，口阔而撇，适于喝茶，可以一饮而尽。邢窑胎体厚，口沿有一道凸起的卷唇，喝茶时唇感不够舒服，而且容易造成茶汤的洒落。这种形制，适于低头饮用，不适合端举起来畅饮，长此以往，也不利于颈椎的健康。

第三，邢瓷类银，越瓷类玉；邢瓷类雪，越瓷类冰。类冰似玉，是陆羽首次提出的很重要的茶器美学观点。类银类雪，光芒外露，色调偏冷，不够含蓄内敛，与人容易产生距离感。茶器类玉，温润以泽，缜密细腻，近人而有温度感。自古君子比德于玉，这是对传统和田玉之美表达的进一步人格化。在中国传统美学里，

唐代越窑茶瓯

一切艺术的美，以至于人格的美，都趋向于和田玉的美。可见，如玉之美，是中国传统美学的基石。宗白华曾说："瓷器就是玉的精神的承续与广大。"信然。

对于其他釉色的茶碗，陆羽认为，安徽寿州的瓷，釉面泛黄，容易使茶汤泛紫红色；江西洪州的瓷，釉面呈褐黑色，容易使茶汤变得黑红，所以，这些茶器的釉色，都不适合去表现和衬托茶的汤色。那么，哪里的瓷器更适合去表现茶汤呢？自然是"越州瓷、岳瓷皆青，青则益茶"。

"九秋风露越窑开，夺得千峰翠色来。"唐代的青瓷之美，我们可从陆龟蒙的诗句中感受一番。越窑的釉水，究竟有多么的清美？晚唐徐夤的《贡余秘色茶盏》诗中，已经把青瓷釉色描绘得淋漓尽致，其诗云："巧剜明月染春水，轻旋薄冰盛绿云。古镜破苔当席上，嫩荷涵露别江喷。"晚唐时，皮日休与传承陆羽衣钵的陆龟蒙，以茶相交，世称"皮陆"，两人常有茶诗唱和。皮日休《茶瓯》诗云："邢客与越人，皆能造瓷器。圆如月魂堕，轻如云魄起。"另外，吟唱越瓷的诗句，不胜枚举，施肩吾有"越碗初盛蜀茗新，薄烟轻处搅来匀"，许浑的"蕲簟曙香冷，越瓯秋水澄"，皆能表达出青瓷的色既鲜碧，而质复莹薄的清华高贵、淡静幽玄。郑谷在《送吏部曹郎中免官南归》诗中有："箧重藏吴画，茶新换越瓯。"新茶选用越瓯品尝，真是别出心裁。瓯之碧绿，映衬新茶愈加翠绿，为之生色。越瓯类玉，瓷化程度较高，

五代秘色瓷莲花碗

故胎体致密，难道真如韩偓所云“越瓯犀液发茶香”？

关于上文提到的“秘色”一词，最早见于唐代诗人陆龟蒙的《秘色越器》诗中，陆龟蒙描写的越窑秘色瓷，是青绿色的，但法门寺出土的秘色瓷器，有青黄色，也有青灰色的，五代还有黄色的。由此可以断定，秘色瓷并非只有一种颜色，也非单独某一个窑口所产。个人以为，所谓秘色，并非是指瓷器的某一种颜色，而是特指入贡瓷器的品类。“色”在此处，有品类、种类之意，并非是指颜色。如唐代陆贽的《奉天改元大赦制》有：“胁从将士官吏百姓及诸色人等”，“其垫陌及税间架竹木茶漆榷铁等诸色名目，悉宜停罢”。此处的“秘”，也并非是指神秘。“秘”在过去常与皇帝相关，如宫禁藏书之地叫“秘阁”，制诏之地称“秘庭”，皇帝的车驾叫“秘驾”等等。因此，“秘色”应是皇帝专用的瓷器品类，即贡品。南宋周辉的《清波杂志》说得很清楚：“越上秘色器，钱氏有国日，供奉之物，不得臣下用，故曰秘色。”

“节物风光不相待，桑田碧海须臾改。”唐代被陆羽推崇备至的青瓷茶器，为什么在唐代以后就逐渐衰落了呢？这是因为到了宋代，喝茶的方式、制茶的工艺、茶汤的鉴赏标准以及茶汤的呈色表现，都相应地发生了不同程度的改变。世易时移，釉面泛青的茶器，便越来越不适合准确表达宋代的点茶与斗茶技艺了。但是到了近代，当安吉白茶作为绿茶的新贵问世之后，使用月白色的青瓷茶杯，冲泡安吉白茶，却能彰显安吉白茶的叶脉翠绿、叶色嫩白的特质。在安吉白茶中，我最喜欢的妙蕴金玉之质的玉玲珑，竟然早已出现在宋人刘学箕的诗词中，他写道：“白茶诚异品，天赋玉玲珑。不作烧灯焰，深明韫椟功。易容非世力，幻质本春工。皓皓知难污，尘飞谩自红。”这是巧合，还是轮回？一时难说清楚。人生与茶缘，都有着莫名的前世今生。

剔透玉玲珑，柔绿尚含滋。虽说青瓷仍然宜茶，但这种宜茶的范围，是有局限性的，但肯回头是宿缘。

茶具茶器有分别

在习茶的过程中，我们很少把茶具和茶器去做严格的区分，经常把二者笼统地混为一谈，这是一种不应该有的疏忽。陆羽在《茶经》里，对茶具和茶器，从概念上做了严格的定义，分别单列在第二章和第四章，殊有深意。他把关于采茶、制茶的工具，定义为茶具。把与烹茶相关的不可缺少的用具，把对茶的育化有改善作用的工具，全部定义为茶器，并着重对茶器做了详细的阐述，从而赋予了茶器以丰富的文化内涵和精神品格。

陆羽为什么要把与烹茶、品茶有关的器皿，即使是一个微不足道的纸囊、竹筴都列为茶器呢？个人以为，主要是关乎饮茶的礼仪。通过必要的礼仪来规范自己的行为，以“茶性俭”来涵养品德之俭，即陆羽《茶经》重点要突出的“行俭德之人”。礼仪，古体写为“禮儀”。“禮”字的左边从示，右边的“豊”是指古代祭祀用的礼器。中国自古就有藏礼于器的传统，合礼而制器，据器以明礼，凡礼用均为器。而器的设计，则每具深意，无不关乎思想，其器用必合于四时变化，却又攸关着礼仪。道运而无名，器运而有迹。因此，在形而下的器中，藏着形而上的道，即器以载道。故茶器以载道，茶道由器传，而非茶具。

陆羽在《四之器》一章里，列出了详细的煎茶器清单，共计二十六种。假如平时不用，或携带外出时，其他的二十五器，都会安放在体积硕大的都篮里，这与《封氏闻见记》的记载是吻合的。据封演记载："造茶具二十四事，以都统笼贮之。远近倾慕，好事者家藏一副。"文中的"都统"，即是都篮。《九之略》说："但城邑之中，王公之门，二十四器阙一，则茶废矣！"此篇讲的二十四器，恰好不包括都篮和具列。二十四器若是有所疏漏，意味着礼仪的缺失或不严谨。而礼仪是一个国家的纲纪，是人们道德与信义的表征，这在城邑之中、王公之门，是不可疏忽的。若是处江湖之远，跳脱出功名利禄的窠臼，可以不必拘礼，这即是《茶之略》一章"俭以养德"的重要意义，也是从一瓯茶中观照出的世俗与清雅的分野。

值得注意的是，严于茶事的陆羽，在《茶经》里竟然没有提到承载茶碗的托子，这很奇怪，需要引起我们的注意。陆羽在《茶经》中，连一个小小的茶夹，都表述得如此详细，因此，他不是故意遗漏或忽略了茶托。假设真属疏漏，即使陆羽不去修订，常伯熊等人也会一定纠正的。由此只能证明，在陆羽《茶经》完成之前，茶托还没有出现，或尚未正式启用。

南宋银鎏金茶托及茶盏组合一套　美国大都会艺术博物馆藏

茶托，又叫盏托、碗托、茶船。清代顾张思的《土风录》中写道：“富贵家茶杯用托子，曰茶船。”宋人程大昌的《演繁露》说：“（茶）托始于唐，前代无有也。”唐人李匡乂《资暇集》记载：茶托子，“始建中蜀相崔宁之女，以茶杯无衬，病其熨手，取碟子承之。既啜，杯倾，乃以蜡环楪中央，其杯遂定，即命工以漆环代蜡。宁善之，为制名，遂行于世。其后传者，更环其底，以为百状焉。”宋人程大昌的记载可以说明，在唐代以前，茶托还没有出现。据唐人李匡乂说，茶托子出现在唐建中年间。同一时代的人提供的佐证，往往最为可信。如果我们仔细推演一下时间，就会发现，建中元年正好是 780 年。以上确凿的证据和时间链条，完全可以证实，在陆羽《茶经》问世时，茶托尚未出现，更何况茶托最早出现在公元 780 年交通闭塞的蜀地。

当前，尽管有很多学者，会依据出土资料振振有词地认为，茶托可能出现在汉代，这种论断明显是错误的。根据文献记载，南北朝时期，越窑也确实烧制过盏托。在故宫博物院，我也见到过一件展出的东晋青釉盏托，但这些盏托的形制，基本是从古代的酒器、耳杯承盘发展而来的，它是为适应古人席地而坐的饮酒方便而设计的，因此这些承托，基本属于酒台子，并非是茶器。酒盏和酒台子合称台盏，酒杯和酒盘合称盘盏，金银盘盏在唐代颇为流行。据《辽使礼志》记载，贵族“执台盏进酒”，宋人称水仙花为“金盏银台”，便是从此类酒器的相似结构中悟出的。

初唐以降，尤其是在陆羽《茶经》问世以后，食器和茶器才开始严格分开。之前的时期，茶器、食器甚至与饮酒器都没有完全分开。其中容量过小的、束口的杯盏，大部分属于酒器，没有任何资料和理由，能确认是茶器。目前，很多出版物或展览中，经常把茶盏托和酒台子混为一谈。很多宋辽时期的饮酒图，常被解读为是饮茶图，这是非常错误的。

古人饮的酒是温的，白居易有“林间暖酒烧红叶”。古人执台盏进酒时，主人或客人手端酒杯饮酒，酒台子和饮酒器是分离的，所以，酒台子尽管和茶盏托极其类似，但酒台子中心的圆台是凸出的，酒杯放在酒台子上，是为了敬酒之用，酒杯和酒台子之间并没有任何的嵌接。一般情况下，只要酒杯有圈足，在台盏或承盘的中心，都会有对应的承口，这是防止敬酒时酒杯滑动之用。无圈足的酒杯，承盘中心没有承口，这在唐宋的金银酒器中可以得到例证。酒盘的盘心不作浅台，当以酒盂无足之故。

而饮茶却不同，茶是热的，尤其是在唐宋时期，受陆羽的影响，提倡喝茶时，要“乘热连饮之，以重浊凝其下，精英浮其上。如冷则精英随气而竭，饮啜不消亦然矣。茶性俭，不宜广，则其味黯澹，且如一满碗，啜半而味寡，况其广乎！”“乘热连饮之”，说明古人入口的茶汤，比我们现在饮茶的温度要高一些。

鉴于此，为防止烫手或茶汤洒落，饮茶时盏与盏托不能分离，这从晚唐法门寺出土的淡黄色的琉璃茶盏与盏托的密切配合，可

剔红茶托

以得出结论。宋代的贵族、文人，有持托喝茶的规定。宋代常用的茶托，多为木质红色漆雕。在家遇丧事期间，是万万不可使用的，忌用红色以示孝道。《齐东野语》记载了夏安期在其父发丧期间，举托喝茶被免职的案例。南宋的孝宗皇帝，为其父高宗守孝时，给大臣赐茶也一概不用茶托。

举托饮茶，这就要求茶盏必须要与盏托有个密切的关联和配合，盏的底足和盏托之间，必须有个深度的插接，以防止敬茶、饮茶时茶盏滑动。唐代《无暇集》记载茶托的发明原因时，说到崔宁女嫌茶碗烫手，便用盘子承托茶碗，因盘子的中心没有承口，无法固定茶碗的圈足，为避免喝茶时茶碗发生滑动，便在碟子的中心，用蜡封了一道圆圈，用以固定茶碗。其后，崔宁命工匠做了个带环状承口的漆木盏托，这就是历史上有明确记载的第一只茶盏托。瓷质茶托肯定要比木质茶托的出现要晚一些。施耐庵在《水浒传》第四十五回写道："只见两个侍者捧出茶来，白雪定器盏内，朱红托子，绝细好茶。"施耐庵是明代人，他写北宋的茶事，尚能对白色的定窑茶盏、朱红的木质茶托娓娓道来，这说明他至少是见过朱红茶托是如何使用的，也可证明木质茶托在明代还有着广泛的应用，这或许是他没有去写瓷质茶托或银质茶托的主要原因吧。

从现有的文献记载来看，唐宋贵族们喝茶，多用木质茶托。首先，漆雕木质茶托，质轻精美。其次，木质茶托，隔热性能较好。宋代审安老人《茶具图赞》中的漆雕秘阁，就是很重要的例证。“漆雕秘阁，名承之，字易持，号古台老人。赞曰：‘危而不持，颠而不扶，则吾斯之未能信。以其弭执热之患，无拗堂之覆，故宜辅以宝文，而亲近君子。’”漆雕秘阁就是雕漆茶盏托，承茶盏之用，以消除烫手之患。

清代以后，包括近代我们使用的茶托，都与清代以前的茶托大相径庭，亦非一物。明末以后，当酒杯的形制，影响了茶盏的大小和器形以后，过去酒杯的承盘，就相应变成了今天广泛使用的茶托。而历史上真正的茶托形制，在某些传统盖碗的碗托中，还能寻到一点旧时的大概模样。

陆羽所处的时代，为什么不使用茶托？其原因可能与当时的茶碗太大有关。唐人喝茶时，可以食指在下、拇指在上，双手持握，捧着饮用。也可单手持握，端着喝茶，况且茶汤在茶碗里的容量，不会超过二分之一。等后来茶盏的体积逐渐减小，一只手端着茶盏喝茶，且无法上下持握时，利用茶托隔热，避免烫手，就显得非常必要了。另外，还有一个重要原因，即是陆羽扬越抑邢，大部分越窑的茶瓯，圈足高且中空外撇，比起玉璧底的邢窑茶瓯，隔热条件会好很多。

茶碗和茶瓯，不尽相同。茶瓯，是唐代越窑青瓷饮具中，带有特别功能、特别意义的器皿。陆羽在《茶经》说：“瓯，越也；瓯，越州上，口唇不卷，底卷而浅，受半升以下。”茶瓯的出现，表征着专用饮茶器具的诞生。瓯的出现较早，之前既是酒器，也是食饮器。但在唐代中后期，茶瓯就是专业的喝茶器皿了。茶碗的容量较大，若逢茶会、茶宴，数人共用一只茶碗行茶时，自然是选择茶碗。茶瓯的体积较小，多在个人饮茶时独用，它和宋代容量更小的茶盏类似，适合品味、把玩。白居易有诗："满瓯似乳堪持玩，况是春深酒渴人。"

茶盏大约出现于晚唐，当时的盏、瓯，还没有明确的细分。晚唐苏廙《十六汤品》说："且一瓯之茗，多不二钱，茗盏量合宜，下汤不过六分。万一快泻而深积之，茶安在哉？"在此文中，瓯与盏是通用的。宋代范仲淹诗云"黄金碾畔绿尘飞，紫玉瓯心雪涛起"，其中的紫玉瓯，就是兔毫盏。

宋代兔毫盏

茶瓯，是唐代主要的饮茶器，在唐代诗文中，茶瓯比茶碗出现的频率要高很多。唐代吕群诗云：“谁怜翠色兼寒影，静落茶瓯与酒杯。”韩偓《横塘》诗有：“蜀纸麝煤沾笔兴，越瓯犀液发茶香。”岑参也有诗：“瓯香茶色嫩，窗冷竹生干。”最喜欢茶杯的，要数白居易了，行住坐卧，吟咏沉思，皆不离瓯。在唐代诗词里，写茶瓯次数最多的，仍然要数白居易，其中有“食罢一觉睡，起来两瓯茶”“命师相伴食，斋罢一瓯茶”“起尝一瓯茗，行读一行书”“泉憩茶数瓯，岚行酒一酌”等等。

形而上者谓之道，形而下者谓之器。道不离器，器以载道。陆羽把煮茶、饮茶的器具称之为器，已经使这些基于日常生活的茶器皿，具有了超日常、非日常的精神和文化意蕴。至此，茶器已不仅是简单满足于饥渴的日常器具了，而且蕴含了更深层次的“道”的内涵。正如马林洛夫斯基所言：“在人类社会生活中，一切生物的需要，已转化为文化的需要。”

正因为茶器承载和涵盖了文化、境界、审美和精神等诸多因素，因此，陆羽强调在正规的雅集、茶会活动中，要注重茶器的实用、美观、圆融和完善，二十四器缺一，则茶废矣。由此可见，在陆羽的视野里，在陆羽的精神世界里，一席茶中的茶器，是否齐备完美，已关乎茶道之礼仪与兴废。茶器之重，竟重于泰山，这一点，不能不引起我们的深思与警觉！

大宋点茶
香弥漫

唐代煎茶萌芽于晋，成熟于中唐。陆羽设计发明了内滑外涩的生铁鍑，专用于煎茶。鍑底的脐长，底凸不平，不能平放在地面上，需配套专门的交床来支撑铁鍑。由于鍑需要和交床配合使用，携带非常麻烦，故后世少用。而皎然等人则习惯使用平底的铛来煎茶。皎然有诗："投铛涌作沫，著碗聚生花。"从唐至明的茶诗中，茶"铛"出现得最多，可见大多数文人煎茶，还是习惯用铛的。唐代齐己有诗："角开香满室，炉动绿凝铛。"李洞有"茶铛影里煮孤灯"之句。宋代陆游有："茅屋松明照，茶铛雪水煎。"明代徐㶿也有"瓦铛茶熟梦回初"。

无论用鍑还是以铛煎茶，都需要借用瓢，将茶汤舀到茶碗里饮用。由于煎茶所需要的器具较多，流程又很复杂，普通老百姓很难适应和购齐全部茶器，于是更简易的铫子出现了。删繁就简，才可领异标新，事物的发展莫不如此。

铫，是一种有柄有流的烹器，以铫煎茶，可直接把茶汤从铫子里斟入茶碗，省去瓢舀。唐代元稹的《茶》诗有：“铫煎黄蕊色，碗转曲尘花。”白居易也有“药铫夜倾残酒暖”。中唐以后，陆羽发明的以鍑煎茶，基本被铛和铫取代了。

唐代煎茶是先煎水，二沸时量入茶末，三沸后茶成，酌分饮用。在煎茶的逐渐简化过程中，出现了先置茶入盏，再烧水冲茶的方式，这种更为便捷的模式固定下来，于是，点茶的技法开始萌芽了。从点茶的工艺过程来看，点茶在本质上其实就是泡茶，是泡茶法的一个特例，只不过此时的茶末与茶汤，还没有完全分离开来。

点茶法脱胎于煎茶道，大约是在唐代的中晚期。据记载，唐德宗微服出宫，至西明寺，口渴时喊道：“要茶一碗”，适逢大臣宋济正在低头抄经，他没想到是皇帝驾临，便头也不抬应道：“鼎火方煎，此有茶末，请自泼之。”因此，点茶又叫泼茶、试茶。宋代孔平仲《会食》诗有：“泼茶旋煎汤，就火自烘盏。”王庭珪《次韵刘英臣早春见过二绝句》云：“客来清坐不饮酒，旋破龙团泼乳花。”纳兰词中描写李清照的“赌书消得泼茶香”，此处的“泼茶”，就没有点茶的含义了，仅有杯倾茶洒之意。

点茶时，需先熁盏令热，再用茶匙取茶末入盏。之后，先注入少许水，调茶膏令匀。继之量茶注水，边注水冲点，边以竹制的茶筅或银制的茶匙，在盏中持续回环搅动，即是所谓的“击

宋代建盏

宋代龙泉青瓷茶盏

拂”。蔡襄《茶录》说：“凡欲点茶，先须熁盏令热。冷则茶不浮。”“钞茶一钱匕，先注汤，调令极匀，又添注之，环回击拂。汤上盏，可四分则止，视其面色鲜白、着盏无水痕为绝佳。”可见，点茶时的熁盏令热，是非常重要的环节。

只有保持住茶盏的温度，才能保证茶末浮在盏面上，焕发清真华彩，这就对茶盏的壁厚和材质提出了特殊要求，如蔡襄所说：“茶色白，宜黑盏，建安所造者绀黑，纹如兔毫，其坯微厚，熁之久热难冷，最为要用。出他处者，或薄或色紫，皆不及也。其青白盏，斗试家自不用。”为了衬托茶汤的色泽白，就需要选用黑色的盏。为增强茶盏的蓄热能力，盏壁就要微厚，但也不能太厚。若是太厚，茶盏重且笨拙，使用不便。当点茶成为宋代的主流饮茶方式，逐步取代了唐代的煎茶以后，陆羽提倡的“青则益茶”，已经变得不合时宜，曾经流行一时的青白茶瓯，便渐渐淡出了斗茶、试茶者的视野。

点茶的击拂，既是个体力活，也是一个技术活。宋徽宗《大观茶论》曰：“搅动茶膏，渐加击拂，手轻筅重，指绕腕旋，上下透彻，如酵蘖之起面，疏星皎月，灿然而生。”之后，再视情况注水，并灵活击拂，待茶汤稀稠适中，使茶末与水融为一体，水乳交融以后，就可“宜匀其轻清浮合者饮之”。宋代的点茶与煎茶相比较，点茶使用的茶末更加细腻，细末利于形成胶体而浮花盈面。

宋代论述点茶最重要的两部著作，一部是蔡襄的《茶录》，另一部是宋徽宗的《大观茶论》。综合二者的观点，宋代的点茶程序基本包括：备器、炙茶、碾罗、择水、取火、候汤、熁盏、点茶、啜饮等步骤。点茶，一般是在茶盏里直接去点，可自点自饮；若人数多时，也可在大茶盏里点茶妥当，再分到小盏里持盏啜饮。从煎茶法发展到点茶法，流程简化了很多，使喝茶变得更加方便快捷，这的确是饮茶史上的一个进步。苏辙在《和子瞻煎茶》诗中说："相传煎茶只煎水，茶性仍存偏有味。"诗中的"煎茶"，即是我们今天特指的宋代点茶，而非唐代的煎茶。只煎水不煮茶的属于点茶，先煎水后煮茶的才是煎茶。为此，苏轼在"银瓶泻汤夸第二，未识古人煎水意" 之后，还特别加了注："古语云，煎水不煎茶。"

宋代王观国的《学林》写道："茶之佳品，皆点啜之。其煎啜之者，皆常品也。"可见，煎茶到了宋代逐渐式微，点茶成为时尚之举。苏辙认为点茶法，既保留了茶之本性，也是别有一番滋味在心头。煎茶法到了南宋，只是文人的偶一为之。在一生爱茶的陆游之后，煎茶几成绝响。

点茶、煎茶和煮茶，都是浓度较高的茶，一饮而尽的是茶末和茶汤的混合物，故唐宋之前贵族们的喝茶方式，又叫吃茶。煮茗、煎茗、斗茗、酌茗、啜茗、品茗等，都是唐以后的事情了。到了宋代点茶，文人们在茶汤里喝出了"斗茶香兮薄兰芷"，品出了“从来佳茗似佳人”的味趣。由此可见，点茶的香气，比煎茶和煮茶表达得更充分；点茶的滋味，比煎茶和煮茶表现得更醇和。长江后浪推前浪，历史的车轮滚滚向前，饮茶方式的每一次嬗变，都是制茶技术与饮茶方式逐步科学化的巨大进步。人事有代谢，往来成古今。滚滚长江东逝水，任何无意义的装神弄鬼的所谓复古，都是商业的策划、演绎与包装，都是历史和意识的倒退，最终会被时代的惊涛拍打到岸边上，茶也如是。

采择之精
重茶白

自神农始，巴蜀地区一直都是茶的主要产地。到了唐代，虽然江南的阳羡、顾渚山等地，开始修贡制茶，但巴蜀地区的茶叶产量，仍然位居第一。从唐至宋，随着国家政治经济中心的东移，巴蜀地区的制茶产业，因质薄味淡开始走向衰弱。

宋代，地球遭遇了第二个寒冷期。天寒地冻的极端天气，导致了江南地区清明前的贡茶产量大幅度降低，茶农们无法按质按量完成贡额，因此，贡茶制作的重心，开始向更温暖湿润的建州转移。建州，即是现在福建北部的建瓯地区。因建茶味厚，南宋时期，还出现了重建茶、轻蜀茶的局面。此后蜀茶的生产，主要是为满足边疆地区的茶马交易之用。用于茶马交易的茶，基本都是比较粗老的春尾茶、夏秋茶等。粗茶因长途运输过程中的湿热作用，便会出现不同程度的自然发酵，茶叶色泽因而变得黄绿泛黑，这就是历史上著名的四川乌茶的由来。四川乌茶的诞生，意

宋代耀州窑提梁壶

味着黑茶的渥堆发酵技术开始萌芽，并渐渐为世人接受与饮用。

远古的茶叶，因煮饮的缘故，以叶茶为主，采得比较粗老。从唐代煎茶开始，饮茶逐步精细化，茶叶趋于嫩采并以春生为佳。《茶经》云："茶之笋者，生烂石沃土，长四、五寸，若薇蕨始抽，凌露采焉。茶之芽者，发于丛薄之上，有三枝四枝五枝者，选其中枝颖拔者采焉。"文中的大意是，按照陆羽的采茶标准，唐代所采的茶，是早春健壮枝条发出的新梢，新梢长约四至五寸。唐代的这个采摘标准，从唐代皮日休的茶诗中，也可得到验证。其诗云："褎然三五寸，生必依岩洞。"陆龟蒙也有咏茶笋诗："所孕和气深，时抽玉苕短。轻烟渐结华，嫩蕊初成管。"从陆羽《茶经》的记载以及皮日休和陆龟蒙的诗词中，我们能够得出结论，唐代所采的茶，多是一芽一叶至三叶的嫩梢，以此作为通常的制茶原料。"其始若茶之至嫩者，茶罢热捣叶烂而芽笋存焉。"（《茶经・之煮》）从上述引用的这段话中，我们大致也能够读出，经过蒸捣的茶，叶烂而芽存，这说明在唐代，叶片与茶芽确实是一同采下的。

大唐盛世，为宋代茶的高速发展开辟了空间，尤其是宋徽宗《大观茶论》的鼓动，茶开始越采越早，越采越嫩。即使是娇嫩的茶芽，若采得芽头过长，也不够尊显高贵，"牙如雀舌、谷粒者，为斗品"，"枪过长，则初甘重而终微涩"。丁谓《北苑焙新茶诗》云："才吐微茫绿，初沾少许春。"又有诗词："未雨余寒力尚严，岩前早见摘纤纤。"以此言茶采摘的既早且嫩。宋代的贡茶，制作越来越精，近乎偏执，宋徽宗作为一国之君，俨然成为采不厌精的茶馆老板。赵佶在《大观茶论》里大言不惭地说："本朝之兴，岁修建溪之贡，龙团凤饼，名冠天下，而壑源之品，亦自此而盛。延及于今，百废俱兴，海内晏然，垂拱密勿，幸致无为。缙绅之士，韦布之流，沐浴膏泽，熏陶德化，盛以雅

野生顾渚紫笋的芽笋

尚相推，从事茗饮，故近岁以来，采择之精，制作之工，品第之胜，烹点之妙，莫不盛造其极。”宋代皇帝的爱茶如癖，极大地带动了大臣们挖空心思的制茶竞赛。丁谓首创的龙团凤饼，很快便被蔡襄制作的小龙团凤饼超越。欧阳修在《归田录》中写道：“其品精绝，谓小团，凡二十饼重一斤，其价值金二两，然金可有而茶不可得。”然而，到了宋神宗年间，据《宣和北苑贡茶录》记载：“自小团出，而龙凤遂为次矣。元丰间，有旨造密云龙，其品又加于小团之上。”

其品精绝的小龙团，时隔不久，便被密云龙、龙焙贡新接连甩于身后。等到宣和年间，郑可简的银线水芽及龙团胜雪问世之后，“盖茶之妙，至胜雪极矣”。在宋代，一个个旷古未闻的制茶神话，总是不断被刷新，不断被超越。等在建州发现了其叶莹薄的变异白叶茶之后，登峰造极的龙团胜雪，犹在白茶之次也。嗜茶至此，宋徽宗对茶的过度追求已近乎畸形，早已远离了茶品的天然韵味与喝茶实质。历览前贤国与家，成由勤俭败由奢。这个穷奢极欲的文青皇帝，不久就亡国亡家，走向了穷途末路。

唐代茶的制作比较简单，茶叶蒸青后，要趁热把茶的叶片捣烂，“叶烂而芽笋存焉”。由此可见，唐代捣茶的力度与频率不是太高，关键在于“茶性俭”，饼茶“畏流其膏”，担心茶汁过度溢出，影响了茶饼品质而造成煎茶滋味的淡薄。

宋代的贡茶以建茶为主，建茶叶片厚、滋味浓，茶树品种多为中大叶种，因此，宋代的制茶，在蒸青过后，增加了“大榨出其膏”的关键工序。宋代赵汝砺《北苑别录》记载：“盖建茶味远力厚，非江茶之比。江茶畏流其膏，建茶惟恐其膏之不尽，膏不尽，则色味重浊矣。”文中的“江茶”，是指唐宋时期江南地区所产的茶叶。宋代制茶，把建茶的茶膏榨尽以后，降低了茶饼中茶多酚和咖啡碱的含量，使点茶的苦涩度会明显减轻。

制作贡茶，榨出茶叶的膏汁以后，还要提前把茶叶研磨成末，再入模压饼成形，“蒸来细捣几千杵”，这一制茶要点，是区别于唐代的。宋代的饼茶，更趋于细嫩化、精致化、小型化。唐代的饼茶，上穿十六两一片，中穿五两一片，而宋代最小的茶饼，大约二十五克一片。

宋代采摘和制作茶叶，已经建立了严格的茶青等级制度，茶青具体分为水芽、全芽、一芽一叶、一芽两叶等级别。宋徽宗《大观茶论》记载：“凡芽如雀舌谷粒者，为斗品；一枪一旗，为拣芽；一枪二旗，为次之，余斯为下。”各等级的茶青，要分清分开单独制作，不能混合使用。如果在斗品里混杂了带叶的茶青，则称之为“茶病”。

宋代对茶的评判，主要依据点茶的汤色及汤花呈现的优劣。蔡襄《茶录》云：“视其面色鲜白，著盏无水痕为绝佳。建安斗试，以水痕先者为负，耐久者为胜。”宋徽宗则认为：“点茶之邑，以纯白为上真，青白为次。”蔡襄和赵佶共同的斗茶主张，

把茶引向了玩赏的娱乐层面。宋代的文人雅士们，在皇帝的率领和影响下，最终斗的是茶的色泽、汤花的咬盏及点茶的技巧，茶的香气、滋味、气韵等内质，在宋代似乎被忽略掉了。

明代罗廪，毫不客气地对唐宋制茶提出了批评。他在《茶解》说："即茶之一节，唐宋间研膏蜡面，京挺龙团，或至把握纤微，直钱数十万，亦珍重哉。而碾造愈工，茶性愈失，矧杂以香物乎。"其实在宋代，也有一些文人并不趋同，对茶的品评始终是觉醒的，这应该引起我们的关注。"建溪疑雪白，日铸胜兰芳。""休将洁白评双井，自有清甘存玉华。"诗中的日铸茶和双井茶，是宋代涌现出的高品质散茶，它们的出现，令文人雅士们耳目一新。梅尧臣也有诗："始于欧阳永叔席，乃识双井绝品茶。"我相信，在汤色与香气的斗茶品评之间，茶叶的香气、滋味，会更易打动内心丰富而敏感的文人。

宋代重视茶色，以白为贵。宋徽宗在《大观茶论》里，描述了令他珍视的白茶品种。他说："白茶自为一种，与常茶不同，其条敷阐，其叶莹薄。崖林之间，偶然生出，虽非人力所可致。有者不过四五家，生者不过一、二株，所造止于二、三胯而已。芽英不多，尤难蒸培，汤火一失，则已变而为常品。须制造精微，运度得宜，则表里昭彻，如玉之在璞，它无与伦也。"从其叶莹薄、偶然生出，结合宋人的癖好，我们大约可以推断，宋代自为一种的白茶，其实就是低温下叶绿素缺失形成的白叶茶。在今天，

武夷山牛栏坑白化的野茶

它可能更近似于叶白脉绿的安吉白叶茶。2017 年春天，我在武夷山下的修篱茶书院讲完课，带着学生去牛栏坑游学，就发现了一株与常茶不同、如玉之在璞的野生白茶。质淡全身白，香寒到骨清。此类白茶，包括武夷山脉原生的白鸡冠，很难说与宋徽宗眼中的白茶，不存在着前生今世的关联。

芽茶的精采，在宋代已属绝品了，却又有漕臣郑可简造茶献媚，创制了银线水芽。其方法是，将蒸熟的嫩芽外层剔去，只取其芽心一缕，属于芽中之最精的芽中芽。该茶浸于泉水，光亮莹洁，若银线然，以此压制的小茶饼，号称龙团胜雪。以未见过光照的芽心芽、精工制作的龙团胜雪，叶绿素含量极低，自然是茶色纯白了。胜雪，虽然妙在茶色，但是，这种违背天然、违背茶理的变本加厉，无疑是种对茶的病态追求。在这场求新邀宠的末日斗茶狂欢中，无人能够嗅出一丝国之将亡的衰败气息。用李白的《妾薄命》结束本篇，倒是很符合我此时的心情：“昔日芙蓉花，今成断根草。以色事他人，能得几时好。”

松风涧水
辨三沸

宋代罗大经，在《鹤林玉露》记其友李南金所说：“近世瀹茶，鲜以鼎镬，用瓶煮水，难以候视。”“以汤就茶瓯瀹之。”如果仅从字义来看，宋代点茶和我们今天的泡茶，并没有太大的分别。可见，点茶是现代泡茶方式的雏形，是为了得到胶体状的汤花而对煎茶进行的简化与改善。陆羽精于煎茶，认为居庙堂之高，二十四器不可少矣。宋代蔡襄的《茶录》，只记载了九种茶器，分别是茶焙、茶笼、砧椎、茶钤、茶碾、茶罗、茶盏、茶匙、汤瓶。他把茶器从煎茶所需的二十六种，减少到点茶所用的九种，喝茶方式与茶器的改革力度，不可谓不大。其中的茶瓯（盏）、茶匙（茶筅）、汤瓶，是构成点茶技艺必不可少的茶器。

如果仔细比较一下煎茶和点茶，我们就会发现，煎茶茶器里的竹夹，演化成为点茶技法里的茶筅，改在盏中作调搅、击拂之用。为方便注水，发明了高肩长流的烧水器，点茶的专用汤瓶正

宋代执壶

式登场。为适应斗茶的需要，执壶的流，一改唐代的挺直粗短，变得弯曲而长；壶嘴的出水口，变得细圆而小。这样就能保证壶嘴在出水时，注汤落点准确，收放自如，并且水流呈抛物线状，极具线条之美。与此同时，壶的执柄开始加长，几乎与壶嘴齐平，或高于壶嘴。如此符合人体工学的设计，减少了人体手臂上扬的幅度，使注水点茶，轻松自在，便于控制。

宋代的汤瓶，在唐代称为注子，习惯上又叫执壶，原本是中唐时出现的酒器。随着注子的普及，其适用范围逐步扩大，既可用来倒酒，又可用来储水，也能用作以汤沃茶的茶器。用途决定器皿的造型，作为生活器皿的注子，在唐代体形浑圆，把柄宽扁，流短嘴粗，粗大稳重。到了宋代，当注子升级为专用茶器之后，为便于控制出水水流的角度和力度，注子便一改唐时的模样，变得越发修长，婀娜巧美。宋徽宗《大观茶论》写道："瓶宜金银，小大之制，惟所裁给。注汤利害，独瓶之口嘴而已。嘴之口差大而宛直，则注汤力紧而不散；嘴之末欲圆小而峻削，则用汤有节而不滴沥。盖汤力紧则发速有节，不滴沥，则茶面不破。"宋徽宗认为，汤瓶的大小，可根据自己的需要具体确定。最值得注意的是汤瓶的流和嘴，流要细长，以增加出水的落差；嘴的末端要圆、小、峻峭，注汤准确，收放自如，才不会像今天茶席上某些匀杯的流一样，断水不爽、滴沥不止，设计蹩脚之至。只有宋代的汤瓶设计，才会如杨万里所写得那么妖娆美丽："银瓶首下仍

宋代上林湖窑执壶 美国克利夫兰艺术博物馆藏

尻高，注汤作字势缥姚。”真的想象不出，宋徽宗作为宋代最大的茶馆老板，还是个出色的茶器设计师呢！

宋代的汤瓶，增加了盖子，仅这一点，就要比唐代煎茶的鍑与铛科学合理。鍑与铛，都是敞口的，可以目观其形，看到水沸的状态。茶瓶煮水，看不到水的变化，只能耳闻辨声以候汤，故宋人感叹候汤最难。南宋李南金有诗："砌虫唧唧万蝉催，忽有千车捆载来，听得松风并涧水，急呼缥色绿磁杯。"李南金的前三句诗，分别以蝉声、车声、松风涧水声，去声辨煎水的一沸、二沸、三沸，还是相对准确的。但罗大经认为，当听到松风、涧水声，需要尽快移瓶去火，否则水已老矣。他为此赋诗一首："松风桂雨到来初，急引铜瓶离竹炉。待得声闻俱寂后，一瓯春雪胜醍醐。"

从唐到宋，茶器材质的改变，主要是由饮茶方式决定的。如唐代煎茶，对茶末颗粒度的要求不高，其屑如细米，故唐代茶器的材质多选竹木。宋代点茶，要求茶末极细，故茶碾等多用金属材料，以金银为上。

蔡襄认为："（汤瓶）黄金为上，人间以银铁或瓷石为之。"宋徽宗却说"瓶宜金银"，一改陆羽的"若用之恒，而卒归于铁也"。从利水泡茶的实践分析，金银无味，铜臭铁腥。苏轼也说："铜腥铁涩不宜泉。"宋代推崇的瓶宜金银，是非常科学合理的，特别是银器的净水、软水、杀菌的作用，其良效有目共睹。陆羽也承认银是至洁之物，但对他而言有些奢华了，这与陆羽当时的出身、阶层的局限性有关。银器对于皎然、颜真卿等名士贵族，或是物质极大丰富的我们，可能已属寻常之物了。对于铁器，尤其是近年流行的老铁壶，其对茶的影响与危害，我在《茶席窥美》一书中，已经作过详细论述，此篇不再展开。但是，还需要再强调一下，使用老铁壶，一定要把铁锈清除干净。按照国家标准，水中的含铁量必须低于0.3mg/l，这是合格饮用水质的最低标准。人体如果持续摄入过量的三价铁元素，就容易造成慢性铁中毒，危害心脏，造成肝脾肿大、罹患多种器官的肿瘤等等，不可不谨慎对待。

紫泥新品
泛春华

“小石冷泉留早味，紫泥新品泛春华”，是梅尧臣《依韵和杜相公谢蔡君谟寄茶》诗中的名句，他写此诗，是为表达对蔡君谟寄赠团茶的感激之情。蔡君谟，就是宋代大名鼎鼎的蔡襄，他创制的小龙团茶，每饼价值二两黄金，只进贡给皇上，大臣们一般无缘享受。宋王辟之《渑水燕谈录·事志》记载：“庆历中，蔡君谟为福建转运使，始造小团以充岁贡，一斤二十饼，所谓上品龙茶者也。仁宗尤所珍惜，虽宰臣未尝辄赐，惟郊礼致斋之夕，两府各四人，共赐一饼。宫人翦金为龙凤花贴其上，八人分蓄之，以为奇玩，不敢自试，有嘉客，出而传玩。”小龙团茶量少价珍，造成一时洛阳纸贵。欧阳修《归田录》也写道：“茶之品，莫贵于龙凤，谓之团茶。”“其品绝精，谓之小团。”蔡襄精于茶，是中国历史上第一位推崇建盏的书法家、政治家和茶学大家。

宋代建瓯北苑茶的改进与提高，蔡君谟功不可没，故前人曰：“建茶所以名垂天下，由公（蔡襄）也。”蔡襄一册《茶录》，

宋代江西吉州窑黑盏

寥寥数言，奠定了宋代饮茶的理论基础。他写道："茶色白，宜黑盏，建安所造者绀黑，纹如兔毫，其坯微厚，熁之久热难冷，最为要用。出他处者，或薄或色紫，皆不及也。"蔡襄在他的著作里，提到了"绀黑""色紫"。在《说文解字》中，"绀"的意思是"帛深青扬赤色"，"紫"的意思是"帛黑赤色也"。赤黑为紫，绀是属于紫的一种色调。绀黑，大约指的是黑中泛紫红，故在诗文里，蔡襄有"兔毫紫瓯新，蟹眼清泉煮"。梅尧臣有"兔毛紫盏紫相称"，范仲淹有"紫玉瓯心雪涛起"，苏轼有"明窗倾紫盏，色味两奇绝"。

从上述的诗词中可以读出，无论是紫瓯、紫盏，都是确指宋

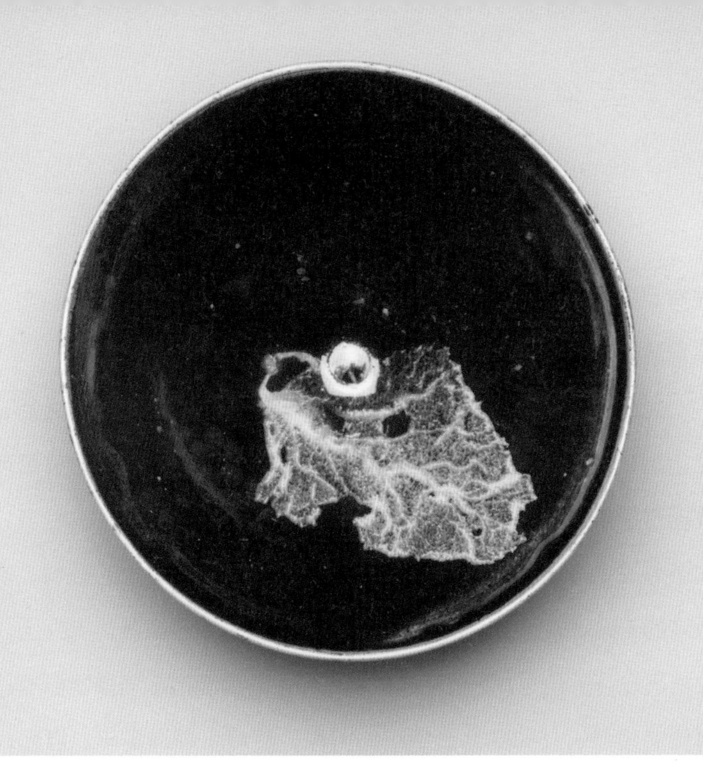

宋代江西吉州窑木叶纹盏

代点饮团茶的专用黑盏，尤其是蔡襄的“兔毫紫瓯新”，不就是梅尧臣诗中的“紫泥新品泛春华”吗？当今很多人，把诗中的“紫泥”刻意解读为紫砂，以此证明紫砂的源远流长，这种望文生义的浅薄做法，只会贻笑大方。我们可以试想一下，梅尧臣写此诗时五十多岁，他与蔡襄、欧阳修都是知己亲朋，蔡襄为表达挚友之间的深情厚谊，给同样爱茶的梅尧臣寄来了上好的团茶。假设梅尧臣把蒸青捣压的小龙团茶，掰成小块，用尚未诞生的紫砂壶泡着喝茶，这个脑洞大开的穿越场景，会不会令人捧腹大笑？2005 年，由南京博物院、无锡市博物馆、宜兴陶瓷博物馆等组成的联合考察队，对宜兴丁蜀地区古窑址的大规模考古证实，紫砂被有目的性地使用，应始于明代的中晚期，这个考古结论，与明人记载的紫砂壶的发端，基本是一致的。

黑色陶器，一直以来多为民间使用，蔡襄《茶录》问世之后，黑色陶瓷终于拨云见日，因茶登上了最辉煌的舞台，一时风靡而成新贵。唯一的原因就是以黑衬托“茶欲白”，这是茶的发展、饮茶方式的改变，对茶器的色泽、器形、胎釉最根本的影响。宋徽宗的《大观茶论》发表以后，“盏色贵青黑，玉毫条达者为上，取其燠发茶采色也。”一度成了宋代喝茶的最高指示与择器标准。绀黑的建盏，立即变为最耀眼的明珠，熠熠生辉许多年。自此，

宋代兔毫盏

宋人于茶于器的审美情趣和美学风尚，发生了重大变化。

南宋祝穆的《方舆胜览》载：“茶色白，入黑盏，水痕易验，兔毫盏之所以为贵也。”宋人崇尚和使用建盏，是有条件的，是因地制宜，是因茶择器。建盏只有在斗茶色、斗水痕时使用，这是宋代茶人理性和科学的一面。若是煎茶，或以品味为主的泡茶等，传承着唐代遗风的青瓷、青白瓷茶器，仍然会继续沿用。蔡襄《思咏帖》写道：“大饼极珍物，青瓯微粗，临行匆匆致意，不周悉。”此时，蔡襄赠送好友冯京的茶器，竟然是青瓯，这说明宋人在日常生活中的喝茶，并非唯建盏是瞻。北宋诗人余靖的

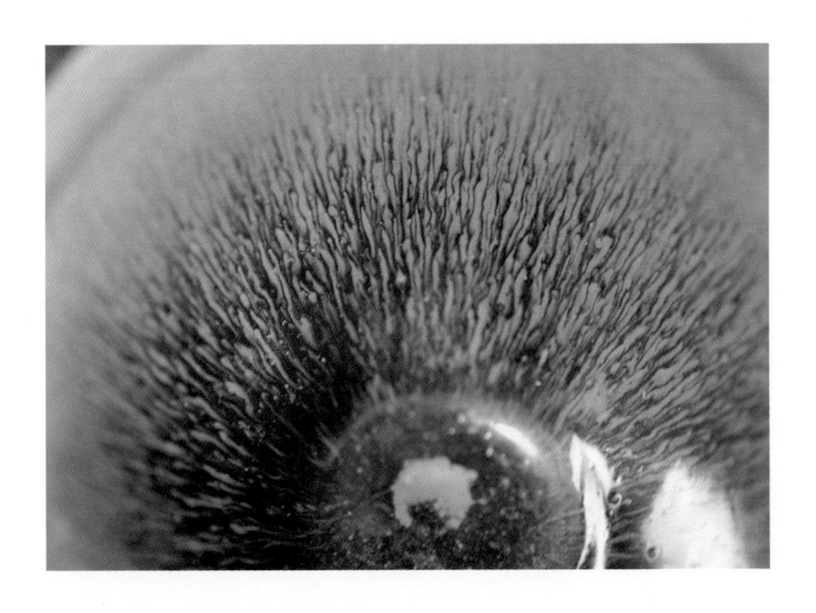

《和伯恭自造新茶》云："江水对煎萍仿佛，越瓯新试雪交加。"苏东坡的《试院煎茶》有："又不见今时潞公煎茶学西蜀，定州花瓷琢红玉。"我们还要特别注意范仲淹的《和章岷从事斗茶歌》，其中有："黄金碾畔绿尘飞，碧玉瓯中翠涛起。斗茶味兮轻醍醐，斗余香兮薄兰芷。"虽说范仲淹是在写斗茶，但诗中斗的是味兮、香兮和翠色，而不是茶色和水痕，因此，诗中斗茶用的是碧玉瓯，而不是绀黑的建盏。碧玉瓯，即是越窑烧制的青瓷瓯，这与陆羽倡导的"青则益茶"，基本是一脉相承的。

仅就斗茶而言，盏贵青黑就足够了。可宋徽宗又提出了"玉毫条达者为上"，对"玉毫条达"的重视，体现了宋徽宗作为文人皇帝的过人审美和丰富的精神世界。"玉毫条达"其中包含的寓意，才正是兔毫盏、紫毫盏、兔毛盏受到文人雅士们狂热追捧和喜爱的关键。

玉毫，是特指山野兔项背的毫毛。"千万毛中拣一毫"，用这些毫长而锐、光泽如玉的兔毫，做成的书写用的毛笔，称为紫毫笔、紫霜毫。紫毫这个等级的毛笔，在唐代已是"紫毫之价如金贵"。白居易有诗："毫虽轻，功甚重。管勒工名充岁贡，君兮臣兮勿轻用。"

宋代的文人雅士们，含蓄地以兔毫比喻、借代写字的毛笔，这才是如玉之毫的本意。"玉毫条达"，寓意着"仕而优则学，学而优则仕"的文人治国主张。宋徽宗在《大观茶论》里，甚至把饮茶看作是垂拱无为而治的盛世之情尚。受此影响，文人们在“茶分细乳玩毫杯”时，沉醉其中的兔毫，必定是闪着银光玉泽的形如紫毫笔的细长条纹。如紫毫笔的条纹，根根玉立挺拔，在空间的呈现上，有着强烈的立体感和冲击力，如沐春雨之霏霏。他们依靠手中的兔毫，通过苦读，成为寒窗学子通往仕途、能够飞黄腾达的唯一门径。借助兔毫，学子们就可以考取功名，实现自己的理想与抱负，乃至人生的条达，这又怎能不令饱学之士对兔毫和紫毫产生更多美好的联想与追捧呢?

宋徽宗崇尚条达的玉毫，从其脱俗的瘦金体中，也能读出几分味道。宋徽宗独树一帜的瘦金体，铁画银钩，侧锋如兰，字中强烈的线面对比，泠泠有金石、风雨之声。没有条达的兔毫，宋徽宗是无论如何也写不出飘逸瘦挺、锋芒毕露的瘦金体的。其感觉正如曾国藩所说：“写字当如少妇谋杀亲夫，既美且狠。”峣峣者易缺，皎皎者易污。瘦金体的清节凌云、顿挫锋芒，于我总有一种无法拭去的悲剧的美学意味，不如苏轼的书法，更婉转、内敛、敦厚，安抚内心。

兔毛倾看
色尤宜

苏轼诗云："蟹眼煎成声未老，兔毛倾看色尤宜。"宋代的青黑色建盏，如苏轼所论，非常适合欣赏汤花，这是由宋代斗茶的具体要求和审美决定的。

宋徽宗不仅会败家，而且也是一位极有设计眼光的玩茶大家。在茶面前，他又是一个乐此不疲的茶学教授，把本来删繁就简的点茶，搞得比唐代煎茶还要复杂和考究，并亲自组织茶会，亲自为群臣们示范点茶技艺。上下五千年中，皇帝能放下身价，亲自为大臣们点茶的，宋徽宗是唯一的一个。蔡襄的堂弟蔡京，在《延福宫曲宴记》记载："宣和二年十二月癸巳，召宰执亲王等，曲宴于延福宫。……上命近侍取茶具，亲手注汤击沸。少顷，白乳浮盏，而如疏星淡月，顾群臣曰：'此自布茶'，饮毕，皆顿首谢。"

兴趣是最好的老师，浸淫其中，苦中作乐，乐此不疲，才会有所成就。工欲善其事，必先利其器。宋徽宗在《大观茶论》里，

宋代兔毫建盏

不仅对盏的釉色、纹理提出了要求，而且对盏的形制，也做了极其恰当的阐述。他说："底必差深而微宽，底深则茶宜立而易于取乳，宽则运筅旋彻，不碍击拂。然须度茶之多少，用盏之大小，盏高茶少则掩蔽茶色，茶多盏小则受汤不尽。盏惟热则茶发立耐久。"宋徽宗真是顶尖的行家里手，对茶盏精准设计的务实精神，直至今天，仍非常值得我们去学习和借鉴。

从建盏的出土资料分析，建盏的口径与盏高，大概都会控制在2：1的比例，这种设计结构，口大足小，利于击拂、取乳、观赏汤色等。这也足以证明，建盏从一诞生，就是为点茶设计的专用茶器。

盏底宜深，盏底陡深窄小，便于茶筅以盏底为中心，同环旋转，则茶汤易于搅匀，表里洞彻，有利于乳花粥面的形成，这就是“茶宜立而易于取乳”的含义。盏的口径较大，便于用力环回击拂。运用茶筅舒缓、均匀、有力地击打和拂动旋转茶汤，盏面才能乳雾汹涌，汤花咬盏持久，点出的才是一盏合格的茶汤。点茶技艺高超的，又称为是“三昧手”。苏轼《送南屏谦师》诗有：“道人晓出南屏山，来试点茶三昧手。”

茶盏大小的选择，要考虑人数，量体裁衣，灵活处理。若人多时，就要增加投茶量，选择大盏。在大盏里把茶点好以后，再分到小盏里去品鉴。如果人少，可直接在小盏里点茶，点毕，持盏立饮。

如果仔细辨别就会发现，适于点茶的盏，多为敛口或束口的；方便喝茶的盏，多是撇口和敞口的。敛口或束口的盏，盏口沿微微内收，可有效防止点茶击拂时茶汤的外溅。撇口的盏，口沿侈张；敞口的盏，盏壁斜直，口唇不卷，颇似唐代的越瓯。尤其是在唐宋，茶汤中含有茶末，茶汤有着一定的黏度，使用撇口或敞口的盏，唇感舒适，最便于茶汤在盏内的一饮而尽。明代曹昭《新增格古要论》说：“古人吃茶俱用撇，取其易干不留渣。”

谦受益，满招损，时乃天道。茶汤所占茶盏的容量，以小于茶盏容积的50% 为宜。这就要求在分茶时，茶汤不能过多。如果

宋金油滴盏 河北磁州窑

茶汤过满，取拿容易烫手，若是来不及喝，茶汤就会冷掉，故蔡襄《茶录》说：“冷则茶不浮。”当然，盏中茶汤也不宜太少，少了应选择小盏。茶汤的体积，以小于茶盏容积的50%、且能准确清晰地欣赏到汤花为最佳。茶盏不宜过大，过大持拿笨重、遮蔽茶色；容积也不能太小，要容得下宋徽宗独创的宫廷点茶的七次注汤。宋徽宗把刚刚从唐代煎茶中解放出来的点茶，又人为的复杂化了，变得更为考究和繁琐，这大概是由宋徽宗的身份与地位决定的，也从侧面反映了皇家的繁文缛节，及其对茶的健康发展的阻碍。其他文人雅士的点茶技法，包括宋代首先确立点茶理论的蔡襄，在点茶的过程中，假如不是注水七次，盏的选择适量即可，不必太大。

从蔡襄到宋徽宗，都强调了熁盏的重要性。蔡襄说："凡欲点茶。先须熁盏令热。"又说："建安所造者绀黑，纹如兔毫，其坯微厚，熁之久热难冷，最为要用。"宋徽宗也强调："盏惟热则茶发立耐久。"当时的建盏，采用建瓯、建阳当地含铁量较高的砂质瓷土烧制，胎质粗而釉厚，蓄热时间长，隔热效果好，两全其美，相得益彰，满足了宋代斗茶用盏的基本需求，并形成了宋代独特的茶学审美。这就是胎釉厚重的建盏，从一种并不讨人喜欢的黑色调，从一只不受待见的丑小鸭，能够在宋代诸多名窑中脱颖而出的重要原因。蔡襄所说的"出他处者，或薄或色紫，皆不及也"，此处的"出他处者"，是指像位列官窑之中的定窑，也生产过十分华贵的黑盏，其精美程度，好过民窑出身的建盏太多，但为什么蔡襄和宋徽宗要舍近而求远呢？主要是因为建盏壁厚，定窑壁薄。其他的官窑，壁厚可能会满足要求，但釉色紫而不黑，所以皆不及也。

建盏青黑色的烧成，铁元素是主要的着色剂。我们知道，把瓷器胎釉中的铁，控制到最低程度，就会烧成白瓷。把含铁量控制在 3% 以下，高温条件下，会烧成青瓷；低温状态下，会烧得黄瓷。当含铁量超过 5%，就会烧成黑瓷。建盏和北方油滴盏的含铁量，都超过了 9%。当瓷器的烧结温度，超过 1300℃时，坯胎

宋代吉州窑盏

里的铁元素熔入釉中，以此形成的铁晶体与釉一起向下流淌，便形成了兔毫。如果温度稍低，就会烧成圆状的油滴、鹧鸪斑等等。无论是生成油滴还是兔毫，其组分都是许多微小的赤铁矿晶体。高温下形成的四氧化三铁微细晶体，具有弱磁性，这是建盏和北方油滴盏能够软化水、减弱茶汤苦涩滋味的主要原因。

宋瓷淡雅
难逾越

少喜唐音，老趋宋调。绚烂之极，归于平淡，平淡之中，却尽得风流。经过了大唐的富足、华丽、奔放，到了宋代，洗尽铅华呈素姿，开始呈现简洁、婉约、清丽、内敛之美。如果说色彩诉诸的是感觉，线条诉诸的是心灵，那么宋代的瓷器，呈现的却是那一代人的情趣和境界，铸就了宋瓷审美在深度和精度上的不可逾越。

民国刘子芬《竹园陶说》认为："古瓷不重彩绘，所有之器皆纯色，市肆中人呼为一道釉。""其实高贵之品，自以一道釉为古雅，青花亦较五彩隽逸。世风渐薄，彩瓷风行一世，不知古意既失，价值自低，唐宋人尚青，明清尚红，近日西商则重紫，均窑紫器一枚价值万金，安得起古人而正之哉？"淡雅为上，简素为美。刘子芬的妙论，独辟蹊径，高屋建瓴，为我们正确认识和鉴赏陶瓷，建立了纲领与标准。

重文雅而轻武节的宋王朝，在某种程度上弱化了之前王朝“粗人以战斗取富贵”的规则，大大提高了国民的综合文化素质。《宋史・艺文志》总序写道：“其时君汲汲于道艺。”宋真宗曾下诏：“今后属文之事，有辞涉浮华，玷于名教者，必加朝典，庶复古风。”大宋王朝的执政者，明令禁止五代以来浮艳绮丽的流弊，反对“竞雕刻之小巧”。到了宋徽宗时代，他又率先垂范，号召天下之士，以茶为尚，励志清白，祛襟涤滞，致清导和，鄙视汲汲营求。这种自上而下、反对错彩镂金、精雕细琢的矫造之风，奠定了宋代陶瓷的格调和韵味，让人观之温润，面目可亲；视之

南宋官窑铜扣碗 美国大都会艺术博物馆藏

自然，韵高致静。由此可见，清隽典雅的宋代风致，是在北宋中期以后逐渐形成的。沈括在《梦溪笔谈》里有句话很有意思：“唐人作富贵诗，多记其奉养器服之盛，乃贫眼所惊耳。”因宋朝的清明富足，开阔了宋人的眼界，以此涵养而成的不媚俗、不张扬的造物观，致使宋代名窑辈出，开辟了一个仰之弥高，却无法逾越的宋瓷时代。自此以后，尽得风流的宋瓷，总是被模仿，却从未被超越。

一提到宋瓷，我们首先会想到汝、官、哥、钧、定，其实，这种排序的始作俑者是在明代。明宣德年间的《宣德鼎彝谱》记载：“内库所藏柴、汝、官、哥、钧、定。”很奇怪的是，哥窑不见于宋人的记载，这就更加发人深思。哥窑究竟是在宋代烧造，还是元末新烧，直到今天仍旧扑朔迷离，争论不休，缺乏出土资料的实证。

宋代的柴窑，并不是我们今天所讲的柴烧窑。唐氏《肆考》说，柴窑起于汴，相传在设计烧造时，后周的柴世宗曾经提出了标准：“雨过天青云破处，这般颜色作将来。”但柴窑究竟是什么样子？至今没有人说得清楚。欧阳修在《归田录》写道：“谁见柴窑色，天晴雨过时。汝窑瓷较似，官局造无私。”明代文震亨在《长物志》中感叹，世不一见，唯闻其制，未知然否？

“雨过天青云破处，这般颜色作将来。”不知何时，这句诗又变成了汝窑鉴赏的审美标准。北宋欧阳修曾写诗说，他是分不

宋代汝窑莲花碗 台北故宫博物院藏

清柴窑与汝窑的。就连清代的乾隆皇帝也写诗说："官窑莫辨宋还唐，火气都无有葆光。"贵为皇帝的乾隆，虽附庸风雅，见多识广，但他确实也分不清，官窑和汝窑究竟有多大的差别？另外，民间还有一种说法，钧汝不分。从以上论述可以读出，宋代那些名窑所生产的单色釉，的确是很难区分的。现在，茶界吹捧的所谓汝窑茶具，开片茶杯，无非是低温的哑光单色釉而已。这些低温茶器，无论是胎釉、气韵、形制，还是烧造产地，和汝窑都没有任何的关联。从宋代汝窑遗址出土的汝窑瓷片与传世的汝窑器物分析，汝窑瓷片的断面是香灰胎，很多并没有玻璃化，这说明汝瓷的瓷胎不够致密，还没有完全烧结。由此可以推断，汝窑的烧结温度，大概在 1150℃ ~ 1220℃之间。因为宋代汝窑多烧制陈设器，很少有食饮器，所以，古人为了获得如玉的釉色和质感，有意识地降低了烧结温度，这也符合古代“重器不重质”的特事特办的原则。

反观汝窑的烧造历史，传说烧制汝瓷以玛瑙为釉，并以此表明玛瑙为釉的贵重性，这是商人们一贯的为商品造势的宣传逻辑。其实，事实告诉我们，使用玛瑙为釉，并不能证明瓷器的难烧与珍贵。历史上的古汝州盛产玛瑙，在汝瓷的烧造地域，玛瑙的产

宋代哥窑盏

量极大，并非为贵重材料，仅仅是就地取材而已，这才是宋代汝窑采用玛瑙为釉的根本原因。

2013 年，我亲自考察过河南宝丰县的清凉寺汝窑遗址，在周边也发现了大量的玛瑙矿石，本来就是当地的寻常之物。另外，汝窑也不以开片为珍贵。明代曹昭《格古要论》记载：汝窑“出北地，宋时烧者淡青色，有蟹爪纹者真，无纹者尤好。土脉滋媚，薄甚，亦难得”。开片是一种烧造缺陷，曹昭认为“无纹者尤好”，这是很有见地的。试想，在滋润细媚的釉色上，如果开片较多较密，一定会影响到汝瓷雨过天青的釉色之美的。我们还要注意到，上文中的“蟹爪纹”，并非是指瓷器釉面的开片。高濂《遵生八笺》对此写道：“汁中棕眼，隐若蟹爪。”可见，蟹爪纹是指釉面缩釉形成的棕眼，就像螃蟹行走在沙地上，留下的点状爪痕一样。清代陈浏云也说：“宋以前瓷器，有浑身缩釉如虫书者，然虫书者，虫蠹之谓也。”

我们在博物馆看到的很多古老瓷器的开片，是瓷器历经岁月、退尽窑火后的老化纹理。这种自然的开片，如鱼的鳞片一样，其纹理是从内到外、内宽外窄斜着开片的。其中的很多裂痕，并没有延伸到釉层表面。斜开片的折光率高，使得瓷器的釉面，倍加莹润如玉。

自然开片的茶器的裂纹深处，是不透水的，茶汤很难经过坯胎，渗透到外层的釉面上，所以高温烧结的老茶杯，无论使用多

金代定窑盏 美国大都会艺术博物馆藏

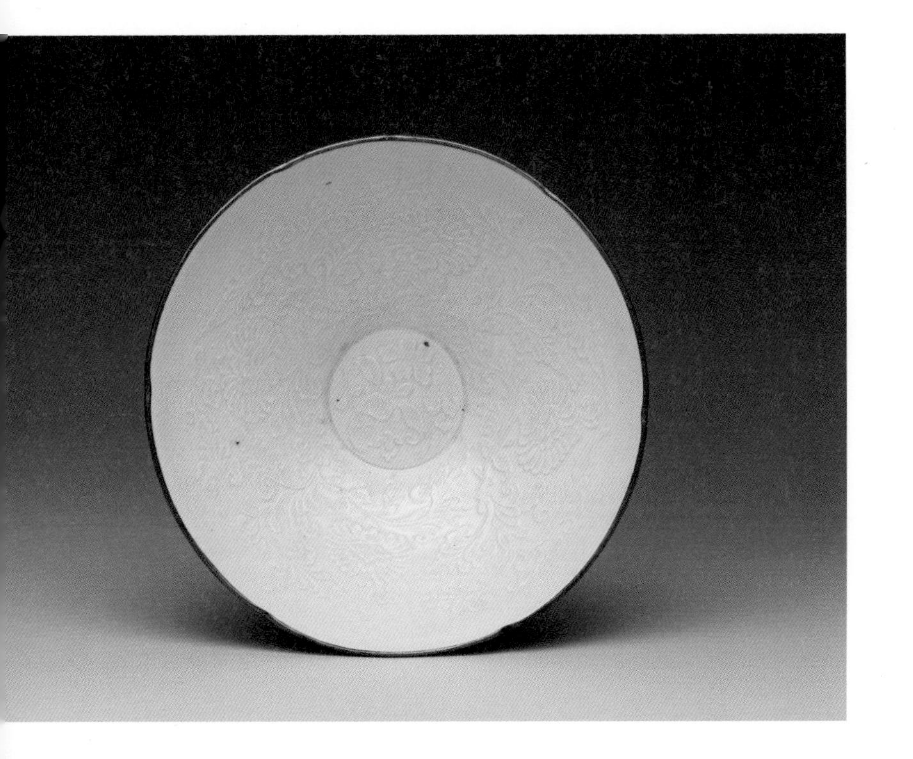

久，茶杯釉层的外表面，是很难有褐色的茶线呈现的。而仿汝窑茶器的开片，完全是人为控制的。在烧制过程中，让茶器由外及内骤然受冷，釉层和胎体之间，便会因热胀冷缩出现由外及内的开裂。这种人工开片的原理，恰恰与瓷器的自然开片相反，是外宽内窄的，甚至会隐隐露胎。因此，这类刻意的瓷器开片，从器物的表面迎光斜视，可以看到明显的裂痕，有的茶器甚至存在着渗漏茶汤的可能。

小器大开片，大器小开片，疏密有致的裂纹釉，作为一种残缺的美，有其剪不断、理还乱的味趣。古时的开片瓷器，多作为文房的把玩器或陈设器，几乎不会用作茶器、餐具等入口的食饮器。瓷器的人为开片，裂隙深处漏出的坯胎层面，不但容易造成重金属超标，而且裂纹缝隙极易藏污纳垢。安全可靠的高温陶瓷，烧结温度至少要在 1250℃以上，一个低温且不符合国家陶瓷餐具卫生标准的开片茶器，在被市场误导和热炒之后，很多人仍然珍若拱璧，岂不是咄咄怪事！由此可见，喝茶识器，也需要及时地校正“三观”，才能建立正确的审美和认知。

唐代中期，瓷质匣钵及釉质封口烧瓷技术的发明，不仅避免了过去采用明火叠烧时，因落砂、窑渣及烟灰对瓷器造成的不良影响，而且增强了匣钵中的还原气氛，使得越窑茶器越发釉面光洁、青翠油润，一跃成为一代名瓷。而此时的北方，邢窑烧造的还多是粗白瓷，这是陆羽抑邢扬越的重要原因之一。宋代早期的

宋代钧窑碗

定窑，借鉴了匣钵烧法，彼时的碗口无芒。此后的定窑，为了提高瓷器的产量，便把匣钵烧改为了覆烧法。瓷器的口沿一圈，为避免烧结粘连而不施釉，依据此法烧造的定窑茶碗，便产生了芒口，即毛边。陆放翁在《老学庵笔记》里曾说："故都时，定器不入禁中，惟用汝器，以定器有芒也。"

定窑甜更白，灯影苦逾青。清代也有诗说："白定有芒官哥兴。"定窑因有涩口，故成就了汝窑、官窑，但也让自己匠心独具、别具一格。为掩饰口沿毛糙不雅的芒口，在宋代，便发明了以金、银等打磨成薄片包裹茶器口沿的技术，形成金扣、银扣或者铜扣。用金属包镶瓷器的口沿，华贵亮丽的金银色彩与温润内敛的瓷质，便形成了强烈的对比，于是，视觉美与材质美便在对比中产生了。扣器的出现，增强了茶器的装饰美与实用美，提高了器具的韵味和洁度。宋仁宗在景祐三年曾诏令："非三品以上官及宗室、戚里之家，毋得用金釦器具，用银釦者毋得涂金。"可见，扣器在宋代也非平民可用。日本僧人成寻在《参天台五台山记》中，记述了他在中国的见闻，他写道："点茶两度，银花盘，并置银口茶器；茶壶，银也。"可见宋代的寺庙，喝茶已以银器为尚，以此也能看到宋代的富贵与品味。

钧瓷在北宋烧制成功，给传统的以氧化亚铁为着色剂的高温青釉陶瓷，增添了一抹艳丽动人的霞彩。钧瓷匠人成功地运用氧化铜，还原烧成了铜红釉，这是青瓷工艺史上一个了不起的突破和重大创新，为陶瓷装饰美学开辟了蹊径，为景德镇在元代成功烧制釉里红，奠定了坚实的技术基础。

汝、官、哥、钧、定，每一个窑口，都代表了宋代陶瓷的高雅格调与最高成就。无论在古今中外，其中的每一件瓷器，都是价值连城，无与伦比，可嗜茶的宋徽宗，虽贵为一国之君，但是，却一直执着地强调“盏色贵青黑”。茶学大家蔡襄也说：“其青白盏，斗试家自不用。”这说明，宋徽宗和蔡襄，并没有单纯地把器具是否珍贵、美观，作为斗茶器具的选择标准，也没有因个人的情绪、好恶等，而影响到对茶器审美的改变，他们一贯都是理性地把是否宜茶、能否准确地去表现茶与茶汤，作为判定是否为最佳茶器的唯一标准。这种客观、冷静、不炫耀、不以物喜的择器观和美学思想，非常值得我们去借鉴和深究。

揉捻促进
茶分化

13 世纪中叶，忽必烈金戈铁马，灭宋亡金，问鼎中原，建立元朝。“风流总被雨打风吹去”的，不单是大宋王朝，还有润泽国人数千年的优雅与风致。

元初，马端临《文献通考》记载：“茗有片、有散，片即龙团旧法，散者不蒸而干之，如今之茶也。始知南渡以后，茶渐以不蒸为贵也。”“南渡”，指的是北宋灭亡，赵构迁都临安，建立南宋。“不蒸为贵”，说明了蒸青团茶到了元代开始衰微，其后逐渐被蒸青散茶、生晒散茶、炒青散茶取代。

元代中期，王祯《农书》记载：“茶之用有三：曰茗茶，曰末茶，曰蜡茶。凡茗煎者择嫩芽，先以汤泡去薰气，以汤煎饮之，今南方多效此。然末子茶尤妙。先焙芽令燥，入磨细碾，以供点试。”“蜡茶最贵，而制作亦不凡。择上等嫩芽，细碾入罗，杂脑子诸香膏油，调剂如法，印作饼子制样。任巧候干，仍以香膏油润饰之。其制有大小龙团，带胯之异，此品唯充贡献，民间罕见之。

元代哥窑高足碗

始于宋丁晋公，成于蔡端明。间有他造者，色香味俱不及腊茶。”

从王祯的记载来看，当时的茶品，主要分为茗茶、末茶、腊茶三种。其中的“茗茶”，是指宋代欧阳修所说的盛于两浙的草茶、叶茶；“末茶”，是指鲜叶经过先蒸后捣，然后再把捣碎的茶叶进行烘干或晒干形成的细碎末茶。从末茶的制作工艺可以看出，从唐代到元代，末茶的制作工艺，是区别于团茶的，简于团茶而繁于散茶。在这三个茶类中，以腊茶最为贵重，“此品唯充贡献，民间罕见之”。腊茶的存在，说明元代贵族仍然承袭了唐宋喝茶的流风余韵。腊茶的传承和存留，与游牧民族的喝茶风俗以及习惯于在茶中添加辅料不无关系。

元代生产的腊茶贡品，从宋代的建安地区，转移到今天的武夷山区，至此，真正的武夷山茶，到了元代，才正式开始粉墨登场。尽管苏轼诗有：“武夷溪边粟粒芽，前丁后蔡相笼加。”但是，还不足以证明宋代的贡茶，就是狭义的武夷山区所产的茶。因为“前丁后蔡”的丁谓，首创了龙凤团茶；其后的蔡襄，监制了小龙团茶，二人做茶的具体地点，都是在建安凤凰山的北苑。赵佶《大观茶论》曰：“本朝之兴，岁修建溪之贡，龙团凤饼，名冠天下。”所以，苏轼诗中的武夷溪边，指的是广义的武夷山脉的建溪。《武夷山志》注中，记载得也很明确：“王明府梓曰：‘考建安北苑设官焙，自唐历宋，皆不涉武夷，以此山地隘，所产本无多也。初贡武夷茶者，为平章高兴’。”

武夷山玉女峰

根据《武夷山志》记载，元十六年（1729），浙江行省高兴，途经武夷品茗，冲佑观的道士以武夷名丛石乳奉献，高兴品后，感觉建茶虽闻名天下，但武夷山的石乳茶，并不逊色，便“羡芹思献，始谋冲佑观道人采制作贡”。元帝忽必烈，品尝完高兴进贡的石乳茶后，龙颜大悦。十九年（1282），诏令崇安县令亲自监制贡茶。大德五年（1301），高兴的儿子高久，任邵武路总管，诏命就近造武夷石乳入贡。大德六年（1302），在武夷山九曲溪的第四曲溪畔，创设了皇家焙茶局，不久又改为御茶园。从此，武夷茶开始脱颖而出，独步天下。元顺帝至正末年（1367），武夷茶的贡茶数额，已达到九百九十斤。

元代，武夷官焙建立以后，独领风骚的建安北苑茶场开始衰弱，并从此一蹶不振，渐渐被世人淡忘。明末清初，周亮工《闽小记》说：“今则但知有武夷，不知有北苑矣。”

元代的饮茶方式分化较大，皇家贵族仍以点茶为主，虞集有诗可证：“摩挲旧赐碾龙团。”元代的蒙古人属于游牧民族，尽管坐拥天下富贵，其历史形成的饮食习俗与喝茶习惯，却一时难改。据元代太医忽思慧的《饮膳正要》证实，元人常常在点茶时，加入名贵香料、酥油等，这一点区别于清雅的宋代。李德载的元小令有：“茶烟一缕轻轻飏，搅动兰膏四座香。”其中的“兰膏”，本意是指泽兰子炼制的油脂，在元代借代为酥油。“金芽嫩采枝头露，雪乳香浮塞上酥。”其中的“塞上酥”，是指点茶时经常添加的酥油。书画大家赵孟頫，虽是元代贵族，但他仍然与其他的汉族文人一样，一直保留着大宋点茶的清饮方式，在他所写的茶诗中，也毫无奶酪、酥油味道，一派清新，芬芳透纸。赵孟頫曾有诗云：“茗碗纵寒终有韵，梅花虽冷自知春。”

元代宰相耶律楚材的茶诗：“黄金小碾飞琼屑，碧玉深瓯点雪芽”，应该引起我们的注意。他随成吉思汗出征西域，写下《西域从王君玉乞茶因其韵》这首诗时，相当于宋代的中晚期，他点茶用的是青瓷瓯，所点的茶也不是团茶，而是直接碾碎的芽茶。元代虞集有诗：“烹煎黄金芽，不取谷雨后。”仇元也有：“旋烹紫笋犹含箨，自摘青茶未展旗。”从以上元诗可以看出，元代直接用芽茶点茶、煎茶，已最大限度地简化了喝茶程序，为明代瀹泡法的普及，做好了铺垫。

元代的点茶，虽然在上层社会仍旧存在，但是，已不再局限于茶色纯白、咬盏与否的标准，并依此作为评价茶品的优劣。从宋末至元代，茶饼研末点茶、散茶研末冲点、末茶煎茶、散茶碗泡、罐泡等，各种各样的喝茶方式同时并存着，饮茶形式开始变得简单而活跃。各种喝茶方式的杂糅并进，使得茶器不再拘泥于唐青宋黑。元代茶器的选择和功用，是为了更加方便自由的烹点啜饮而已，多了粗放散漫，少了精致优雅。诸如此类的现象，与元代多元文化形成的影响以及游牧民族的粗犷奔放有关。

元代的文人喝茶，不拘一格，开始追求茶之真味、真香。诗人蔡廷秀，站在宋代朱熹喝茶的地方赋诗："仙人应爱武夷茶，旋汲新泉煮嫩芽。"汪炎昶的《咀丛间新茶二绝》诗，更具新意，"湿带烟霏绿乍芒，不经烟火韵尤长。铜瓶雪滚伤真味，石硙尘飞泄嫩香。"汪诗的"韵尤长""伤真味"，无疑是对煎茶与点茶的批判和质问。

元代制茶，与时俱进，顺应着时代的要求，工序逐步简化和趋于自然。元代的制茶工艺，虽然还是以蒸青为主，但为了提高茶的香气，源于唐代的炒青工艺受到青睐，继续由点到面、不断地向外扩散和发扬。从武夷山进贡的腊茶，是精选上等的嫩芽蒸青，碾细入箩，添加诸香膏油后，利用模具压制的大小龙团。与宋代的贡茶比较，元代贡茶的制作工艺，可能与唐代更为相近，中间省略了压榨出膏的工序，其研磨程度也不像宋代那么细腻了。元代贡茶的这些细微改变，与蒙古人以肉乳为主食的重口味相关。

除了贡茶以外，元代其他茶的制作，则更为简单了。据王祯《农书》记载："其或采造藏贮之无法，碾焙煎试之失宜，则虽建芽浙茗，只为常品。故采之宜早，率以清明谷雨前者为佳，过此不及。然茶之美者，质良而植茂，新芽一发，便长寸余，其细如针，斯为上品。如雀舌麦颗，特次材耳。采讫，以甑微蒸，生熟得所。（生则味硬，熟则味减。）蒸已，用筐箔薄摊，乘湿略揉之，入焙匀布火，烘令干，勿使焦。编竹为焙，裹箬覆之，以收火气。茶性畏湿，故宜箬。收藏者，必以箬笼，剪箬杂贮之，则久而不浥。宜置顿高处，令常近火为佳。”

王祯的记述非常重要，这说明在元代中期，人们已经认识到制茶、喝茶过程中，不当的“碾、焙、煎、试”，是影响茶之品质的主要因素。如果再继续沿袭唐宋的制茶模式，即使是上佳的建芽浙茗，也只能沦为常品了。为了提高茶的品质，简化改善制茶的环节，降低劳动强度，提高做茶的效率，茶芽要蒸后薄摊，乘湿乘热略揉之，不再碾压细箩。并采用竹焙笼焙茶，覆以箬叶，以减轻茶的火气，减少茶叶香气的散失。其中，最为重要的是，揉捻工艺在元代的诞生，具有非凡、重大的技术创新意义，是“于无声处听惊雷”，是制茶工艺的巨大进步，此举为六大茶类的相继问世，奠定了必要的技术条件。

茶叶通过揉捻，不仅使茶内水溶性物质的浸出率大大提高，使更简易的瀹泡法的流行成为可能，而且通过揉捻，使茶叶的条形变得更为紧结美观，有效缩小了散茶的庞大体积，加速了点茶退出历史舞台的进程。试想一下，假如元人不是那么的重口味，如果茶汤里不再添加酥油，用揉捻过的茶来做煎茶、点茶，会是多么的苦涩难咽！因此，在揉捻工艺出现和普及以后，喝茶反而变得更加简捷明快。

过去繁琐的煎茶、点茶，已无法给予人们愉悦的口感和滋味，慢慢消失乃至淘汰，是历史的必然与宿命。清代文人张潮的话，或许能够引起我们的共鸣，他给冒襄的《岕茶汇钞》作序时说：

元代紫釉盂 台北故宫博物院藏

“古人屑茶为末，蒸而范之成饼，已失其本来之味矣。至其烹也，又复点之以盐，亦何鄙俗乃尔耶。夫茶之妙在香，苟制而为饼，其香定不复存。茶妙在淡，点之以盐，是且与淡相反。吾不知玉川之所歌、鸿渐之所嗜，其妙果安在也。”张潮真爽快人也，鞭辟入里，于我心有戚戚焉！

易简勿令物性伤。元代简化制茶工艺，减少烹茶程序的改革，自然顺应了时代的需求，促进了末茶、蒸青散茶、炒青散茶的大发展，使得复杂的点茶、煎茶渐渐隐退，简明自然的瀹泡法开始孕育。这是制茶技术和饮茶方式的进步，是适者生存，而非倒退。

元人豪放的民族性格，造就的崇尚自然、返璞归真的饮茶方式，把茶从宋人的夸豪斗富中挽救出来，影响和促进了明代茶文化的形成。

纵观中国饮茶的发展史，煎茶是文人对民间煮茶的精细化，宋代点茶是对民间撮泡法与唐代煎茶的简略化，而在明代流行的瀹泡法，更是对点茶的简化与提高。与古为新，新陈代谢，人类历史前行的每一步，都是对过去一定历史阶段技术和智慧的扬弃与继承，都凝结着无数国人的心血与努力，都是合目的性的创新和发展。

日本茶道，大约萌芽于中国的宋代。镰仓时代（1185 ~ 1333），日本高僧南浦昭明来到杭州的径山寺，学习宋代茶宴，首次将中国茶道引入日本。之后，在荣西禅师、村田珠光、武野绍鸥、千利休等人的努力下，根植并融合了日本的宗教、哲学、美学等，形成了具有日本民族特点的茶道文化。日本的《类聚名物考》记载："茶道之起，在正元中筑前崇福寺开山南浦昭明，由宋传入。"日本的《本朝高僧传》也有："南浦昭明由宋归国，把茶台子、茶道具一式带到崇福寺。"

煎茶道与点茶道，只不过是中国茶道形成的初级阶段，是中国茶业大发展历史进程中的一个片段，到了明代逐渐衰微、消亡，这是中国饮茶发展史上的扬弃，是合乎茶类健康发展的要求，是推陈出新的历史必然，而非唐宋茶道文化在中国的断代，这一点，一定要十分明确。近年来，很多缺乏对茶史深入研究的所谓文人，动辄就讲"中国没有茶道""中国茶道在日本"，如此轻率之言，折射出的是此类不良文人的无知与片面！是鼠目寸光，是一叶障目，不见泰山。试想，如果中国人的饮茶文化，仍旧停留在煎茶、点茶的初级层面，裹足不前，一碗末茶喝千年，仪式大于内容，又该是多么的寡味与悲哀！如是那样，怎会有中国茶业后一千年的技术大发展和大跨越？哪来六大茶类各自争春的五彩缤纷呢？

元代青花
釉里红

重文轻武的宋代，儒学昌盛，理学和禅宗思想深入人心，人们追求淡雅清泊的生活境界，整个社会的文明程度和学养较高，这种深入人心的优雅内敛，影响到宋代的造物观、审美观，因此宋代的瓷器，外形线条挺拔修长，注重器物内在的气韵，偏好简洁宁静的造型。看似简练，实则极尽推敲；感觉平淡，实则绚烂至极，淋漓尽致地体现了中国美学的味外之旨，象外之意。宋代那种特有的凝练、冷静、格调、意趣，难以形容却摄人心魄。

在宋代，除了我们熟知的官、哥、汝、定、钧外，景德镇的青白瓷，也值得去深入探讨。景德镇之名始于宋真宗年间，《江西通志》记载："宋景德中，置镇，始遣官制瓷贡京师，应官府之需，命陶工书建年'景德'于器。"

自北宋真宗开始，整个宋代的瓷器，实行官监民烧，作为贡品的青白瓷，具有体薄而润、色白花青的特征。上文提到的"花

宋代影青盏

青”，是指青白素器上的装饰刻花。陈定荣在《影青瓷说》这样定义影青：“其釉色清白淡雅，釉面明彻丽洁，胎质坚致腻白，色泽温润如玉，常在器壁雕有精美的花饰，纹隙处积釉呈色较深，映现青色的纹影。”影青瓷，是在珍贵的和田青白玉、可欲而不可人人拥有的背景下，摹仿和田玉烧造的。素肌玉骨，给人以似玉而胜玉的感觉，故影青瓷有假玉器之美称。李清照词云：“玉枕纱橱，半夜凉初透。”词中的“玉枕”，即是特指釉润如玉的

元代白瓷弦纹盏

青白瓷枕。元代出土的青白瓷碗，有的带有“玉出昆山”“玉出昆冈”等字铭，其寓意非常明显。要获得优美高雅的影青瓷器，必须精选瓷石原料，通过淘洗澄湛，去除掉胎质中多余的铁元素，这也反映了同时期景德镇青白瓷的较高的制瓷水准。影青瓷无论是在器皿的造型、瓷胎的致密度，还是洁白度、透光度等方面，都堪称是宋代瓷器中的翘楚，技压群芳，并不夸张。

元人尚白，以白为吉。景德镇烧造的青白瓷器，恰好符合蒙古民族的审美心理，所以，元代统治者在灭掉宋朝的前一年（1278），就把统辖全国贡瓷的唯一官方管理机构，以浮梁瓷局之名设到了景德镇。浮梁，曾是江南地区最重要的茶叶集散地之一，唐代白居易的《琵琶行》诗云："商人重利轻离别，前月浮梁买茶去。"浮梁瓷局的设立，加之蒙古人善于贸易，工匠四方来，器成八方走，使景德镇一举成为全国的制瓷中心。

元代，景德镇在青白瓷的基础上，烧成了卵白釉。后来，在历史遗存的卵白瓷器物中，发现有署名"枢府"的字样，后世又称卵白釉为枢府瓷。青白瓷的存在及枢府瓷的问世，为高温青花、釉里红瓷器的出现，奠定了基础。元代短短九十余年的历史，却是茶类变革与瓷器发展的一个承前启后的重要历史阶段。

从历史的纵向来看，青白瓷的产生，是北白南青文化交融的结果。因战争原因，北方的白瓷制作技术，随着逃难匠人的南下，开始与南方的制瓷技术发生融合与碰撞，从而影响了南方青瓷的发展和变革。所谓青白瓷，就是白中泛青的瓷。卵白釉，其实是宋、元青白瓷向明代白瓷发展过程中的过渡产品。卵白釉的发明，为明代甜白釉的出现和明代瓷器的发展，奠定了基础。

元代的饮茶方式，受唐宋的影响较大。元中期以后，散茶逐渐后来者居上。元末叶子奇撰写的《草木子》写道："民间只用江西末茶、各处叶茶。"制茶工艺的改变，带来饮茶方式的多元化，这两股改革的势力叠加起来，必将对饮茶器具形成更为深刻的影响。

到了元代，青黑为贵的建盏虽然存在，但是随着点茶法的衰弱，其需求已是日薄西山。元小令有："兔毫盏内新尝罢，留得余香满齿牙。"宋代为斗家所不屑的青白瓷，到了元代，受蒙古人旧有习俗和民族审美的影响，重新风靡天下。首先是卵白釉瓷，继之是青花瓷、釉里红等。青花、釉里红在元代的崛起，最重要的原因，还是蒙古族原始宗教信仰的驱动。白，象征着山；蓝，象征着天；红，代表着尊贵。青花瓷的色调，是蒙古民族起源图腾"苍狼白鹿"的颜色。西亚、中亚的伊斯兰文明，也深刻左右着元青花瓷器色彩和图案的变化。

所谓青花瓷，是指在瓷胎上以氧化钴为着色剂，罩以透明釉，用1300℃左右的高温，烧成的釉下蓝色彩瓷器。由于钴料青花的着色力强，呈色稳定，因此，青花瓷器烧制技术的成熟，标志着在瓷器上可以进行比较精细的绘画写字了。青花装饰技法的发明，在中国陶瓷史上具有里程碑的意义。从此，幽菁淡雅的青花茶器，成为茶席上可堪把玩的妙器，青花为伴茶为侣。"白釉青花一火成，花从釉里透分明。"在青花烧制技术没有成熟以前，茶器表面的装饰，大多以刻花、划花、印花为主。

青花在中国出现较早，唐代时，河南巩县曾为中东地区烧造

元代青花器

过青花瓷器，但由于那时的瓷胎不够白，透明釉尚未出现，因此，唐代的青花，色泽灰暗，呈色不如元代的深蓝鲜艳，把唐代的青花瓷，归结为青花的萌芽阶段比较合理。随着纯净透明釉的成熟，当胎白釉润，色泽艳丽的元青花诞生以后，其主要需求仍然是中东地区。此后，擅长贸易的元人，又把中东地区的苏麻离青带到国内，更增加了青花的浓艳鲜活、深沉清澈。

元代贵族和中东地区的喜白尚蓝，促进了青花瓷器的发展。但是，元青花的器形设计、装饰图案，必然体现着元代统治者的审美和游牧民族的情趣，使得元青花瓷器的设计，形制巨大，装饰图案铺陈繁冗，构图层次茂密，异族风格过于浓重，一改唐宋以来的凝练、素净、雅致、温和等，从我们今天看到的元青花瓷器，也能够证实上述特点的存在。正因为如此，元青花从诞生之日起，就迥异于汉族人的审美趋向，并一直受到汉族文人的排斥和不齿，认为"且俗甚矣"。到了明代，青花瓷器渐渐蜕去了异族文化的痕迹，变得色彩淡雅，构图疏朗，此后，日渐文气的青花器皿，才逐渐为汉族的文人雅士所接受。

乾隆釉里红僧帽壶 美国大都会艺术博物馆

釉里红，是以氧化铜为呈色剂，绘画在瓷胎上，施以透明釉，高温烧制而成的瓷器。釉里红，是在吸收宋代钧窑铜红釉呈色机理的基础上，借鉴了氧化钴烧造青花瓷器的实践，在高温还原气氛下，烧制而成的釉下红色。由于铜元素在高温下极易挥发，且显色温度范围很窄，在烧制的过程中，从彩料配比到窑内气氛性质的把控，以及窑温高低或窑位选择等诸多因素的变化，都会对彩饰能否呈现出纯正的红色，产生微妙的影响。

铜离子对温度极为敏感，铜元素必须处于还原焰气氛之中，方能呈现红色。如果窑温过低，铜元素在氧化焰气氛中，就会呈现绿色；如果窑温过高，烧出的茶器呈色，可能会红中带灰或黑红色，甚至产生“烧飞”的变白现象；如果还原气氛不足或还原时间过短，釉下呈色极易出现绿苔。可见火温的高低，直接决定着釉里红的发色程度。在窑温很难控制的过去的柴窑时代，有“釉里红，十窑九不成”的说法。

釉里红的发明，结束了景德镇以烧造青白冷色瓷为主的局面，让茶器变得更加温暖。釉里红和青花的巧妙组合，改善了釉下单色彩绘的装饰效果，使红蓝衬托得格外醒目，它承前启后，使景德镇由此步入了色彩斑斓的彩瓷时代。

陶瓷史上还有一个革命性的问题，需要引起我们的关注。陶瓷烧制的二元配方，不见得是在元代发明的，有证据表明，二元配方的出现，可能比元代更早。青花、釉里红等高温瓷器的大量烧制，加剧了优质耐高温瓷石的短缺，因此，寻找含铝量较高的高岭土，添加在单一的瓷石内，以提高坯胎的耐火度，是瓷器发展的必由之路。如果说瓷石是瓷器的肉，那么高岭土就是瓷器的骨。一件好的茶器，要有骨有肉，骨肉停匀。高岭土不能单独应用，也不能单独烧成瓷胎，它只有添加在瓷石当中，形成二元配方，瓷器方能经受得住 1300℃左右的高温。它不但提高了陶瓷的成品率，而且使得陶瓷的白度、硬度，釉质的透明度、光泽度等，都得到了普遍提升和优化。

宋代注重的是内心的审美，茶器多内敛、宁静、淡雅、细腻。元代游牧民族的张扬、粗犷和强势的征服感，赋予器物以外在、直白、奔放的力量美。元人颇有秦汉的强悍之风，但秦汉器物受先秦文化的熏陶，流畅古拙，气势浑厚。上古席地而坐的习惯，经过唐宋的洗礼，已经发生了很大改变。但是，到了元代，游牧民族执掌政权，主角一换，梅开二度，又继之席地而坐。故此，唐代以前的高足碗、高足杯，又重新开始流行和广泛使用。元代游牧民族的生活习惯，一时难以改观，他们喜欢大碗喝酒、大口吃肉，追求奢华繁丽的生活享受，诸如此类的多重社会因素，影响到茶器的形制和审美，使得器身变大变重，器形变得直白而外向，缺少了唐宋清雅含蓄的韵味与格调。

中篇

只要不是太俗太装，能把繁琐沉闷的人生，稍稍艺术化一些，让自己活得更加率真自然一点，有花有茶的生活，岂不也是诗意盎然、活色生香？

废团改散
求真味

中国历史上第一个由少数民族建立的大元帝国，不断依靠侵略扩其疆域，沦为了战争机器，最终还是强弩之末，矢不能穿鲁缟也，存在了98年后宣告灭亡。

明朝建立之后，其贡茶的制作与元代一样，主要由建宁府负责，在武夷山制作成大、小龙团贡进，制茶工艺仍然沿袭宋元的习惯。而此时的民间，蒸青散茶、炒青散茶已成为消费的主流。平民出身的朱元璋，可能更喜欢有着真香真味、返璞归真的散茶，喝不习惯矫揉造作的团茶，更何况元代贵族的点茶还要加入酥油等，这可能是最令朱元璋无法忍受的。因此，在洪武二十四年（1391），朱元璋下了一道诏令："岁贡上贡茶，罢造龙团，听茶户惟采芽茶以进。"朱皇帝的废团改散，摧枯拉朽，对散茶的影响是深刻的、立竿见影的，完全颠覆了自唐以来、团茶高于散茶的陈腐观念，为后世中国茶叶的健康大发展，指明了方向。

明代沈德符在《万历野获编·补遗》中说："国初四方贡

茶，以建宁阳羡为上，犹仍宋制，碾而揉之，为大小龙团。洪武二十四年九月，上以重劳民力，罢造龙团，惟采茶芽以进。其品有四：曰探春、先春、次春、紫笋。茶加香味，捣为细末，已失真味。今人惟取初萌之精，汲泉置鼎，一瀹便饮，遂开千古茗饮之宗，不知我太祖实首辟此法。陆羽有灵，必俯首服。蔡君谟在地下，亦咋舌退矣。”沈德符作为明代人臣，对开国皇帝难免会有恭维之心，但是，朱元璋废团改散，不见得是真正地体恤茶农，更有可能是顺水推舟。首先，是他自己喝不习惯团茶，其次，是顺应了民意和时代的要求。无论真实原因如何，朱元璋在促进茶的解放与发展方面，却是厥功至伟，如沈德符所言，一瀹便饮，

独家设计的“怡红快绿”对壶

边泡边品，方便快捷。立发茶之真香真味的瀹茶法，从此开始筑基，遂开千古茗饮之宗。

瀹茶法，源于唐代。陆羽《茶经》云："以汤沃焉，谓之痷茶。"此处的"痷"通"淹"，在瓶缶中以汤泡茶，就是淹茶，这是壶泡法的前身。清代叶隽的著作《煎茶诀》，对淹茶讲得非常详细，针对不宜煎煮的窨花茶，他说："瓶中置茶，以热汤沃焉，谓之泡茶。或以钟，谓之钟茶。""钟茶"，即是直接用茶钟冲泡的茶，类似现在的盖碗喝法。"钟"通"盅"，茶钟，类似倒挂的钟形而得名。宋代的点茶法，略去调膏、击拂，便形成了末茶的冲泡法。到了明代，散茶取代了末茶，最终形成了瓯盏的撮泡法。瓯盏的撮泡，大约在清代末期演变为盖碗泡茶法。壶泡或瓯盏泡法，都属于瀹泡法。

朱元璋的第十七个儿子朱权，是个聪明的文人，为避免哥哥朱棣的陷害和猜疑，便心无旁骛，倾心嗜茶，写下了《茶谱》一书。他在《茶谱》中说："杂以诸香，饰以金彩，不无夺其真味。然天地生物，各遂其性，莫若茶叶，烹而啜之，以遂其自然之性也。予故取烹茶之法，末茶之具。崇新改易，自成一家。"从朱权的论述来看，他认为烹煮叶茶，是遂茶的自然之性，所以他常常以水煮茶。但在待客时，他却又碾茶为末，用茶筅以巨瓯点茶，然后分茶于小的啜瓯，非此不足以泻清臆、破孤闷。对朱权来讲，他虽贵为皇子，但在权力斗争的风声鹤唳之中，却不得不于茶中韬光养晦，以保全自己的身家性命，他心中的无助与孤闷，又有谁知！

明代初期，散茶虽然部分取代了团茶，但是，明人主要的饮茶方式，还是散茶的煮饮方式，或是散茶碾碎后的点茶，其中，散茶的煮饮占有主导地位。明代中后期，直接以沸水冲瀹散茶的冲泡法，逐渐成为喝茶的主流方式。嘉靖年间，陈师的《茶考》记载："杭俗烹茶，用细茗置茶瓯，以沸汤点之，名为撮泡。北客多哂之，予亦不满。一则味不尽出，一则泡一次而不尽用，亦费而可惜，殊失古人蟹眼、鹧鸪斑之意。"从陈师的记载可以看出，嘉靖年间的杭州，以茶瓯直接瀹泡细嫩芽茶的撮泡法，已经很普遍了，但习惯于烹煮茶的北方人，思想保守，口味较重，他们对杭州流行的瀹泡法，还是不太能够理解与接受，甚至认为如此喝茶，不仅滋味寡淡，而且也少了宋元的古意和韵味。

大约在明代正德年间成书的《茶录》，作者张源推崇的是壶泡法。他说："探汤纯熟，便取起。先注少许壶中，祛荡冷气，倾出，然后投茶。"泡茶之前，要先温壶。温壶之后，再投茶入壶。其投茶量，视壶的容量大小，斟酌而行，不可偏多或偏少而失中正。张源写道："茶多寡宜酌，不可过中失正。"分酾不宜早，若是早了，茶的色、香、味还未孕育好；饮用也不宜迟，迟了汤冷不利于健康，而且茶的香气也会降低很多。即所谓"酾不宜早，饮不宜迟。早则茶神未发，迟则妙馥先消"。

张源的壶泡法，从浴壶、投茶、注汤、涤盏、酾茶、品茶等步骤，程式总结得十分完善，尤其是“酾不宜早，饮不宜迟”的泡茶经验，是十分科学合理的。他表达的是，泡茶时对最佳出水点的控制，同时，也是一个恰当的茶汤浓度的把控问题。此时，要根据不同的茶，分门别类，熟悉茶性，控制水温，着眼于壶嘴流口出水的汤色，对浸泡时间和出汤速度，及时做出准确的判断与调整，这些经验，就是泡好一壶茶的最基本要求。上述观点，与《岕茶笺》的泡茶经验异曲同工。冯可宾说：“壶小则香不涣散，味不耽搁。况茶中香味，不先不后，太早则未足，大迟则已过，的见得恰好，一泻而尽。”泡茶时，对出汤平衡点的不先不后的恰好把握，神而明之，存乎其人。能够准确快速地做出判断，最为重要。泡茶如用兵，不能迟疑，孙子曰：“兵之情主速。”

张源泡茶的壶，选用的是无损茶之色、香、味的锡壶，这符合他作为隐君子的幽栖恬淡的个性。在这个特定的历史阶段，紫砂壶才刚刚问世，体积和容量较大，适合于煮茶之用。紫砂壶作为泡茶器，还没得到广泛的应用。从陈师等明代人的记载，综合诸多史料来看，在紫砂壶诞生的正德、嘉靖前后，陶瓷茶壶在寺庙和民间的使用比较普遍。据《茶考》记载：“予每至山寺，有解事僧烹茶如吴中，置瓷壶二小瓯于案，全不用果奉客，随意啜之，可谓知味而雅致矣。”

元代，茶叶揉捻工艺的发明，促进了氧化、发酵茶类的诞生，推动了黑茶、红茶、乌龙茶等在明末清初的渐次问世。明代文人对品茶鉴茶的积极参与，影响了紫砂壶的不断改进与美学观念的形成。在中国饮茶史上，与唐代常伯熊境遇类似的、被严重忽视的明代茶道大家闵汶水，通过精制松萝茶，改进松萝茶的泡法，首次以非凡的勇气，改用小酒盏酌客，开一时风气之先，影响了后世酒杯向茶杯的转变，相应的之前酒杯的承盘，也在向茶盏托子快速演变，这一切，都深刻影响了中国工夫茶在武夷山的诞生。

一瀹便啜
茶类多

明代是茶类百花齐放的时代，仅绿茶而言，蒸青、炒青、烘青、晒青茶均已存在。白茶从史前，到元代，至明代受到了不少文人的垂青。红茶大约在明末，诞生于武夷山区的桐木关，影响着八闽周边乃至全国红茶的兴起。

明代清晰记录白茶的文献，是嘉靖年间的《煮泉小品》，作者田艺蘅说："芽茶以火作者为次，生晒者为上，亦更近自然，且断烟火气耳。生晒茶瀹之瓯中，则旗枪舒畅，清翠鲜明，尤为可爱。"明代文人重视尽显自然本性的白茶，与其夙厌尘嚣、追求枕石漱流的清雅生活有关。田艺蘅醉心的不带烟火气的白茶，同时代的闻龙，在他的笔记《茶笺》中为此写道："田子艺以生晒、不炒、不揉者为佳。"田子艺即是田艺蘅，不炒不揉，不杀青，不揉捻，恰恰又是很地道的白茶制作工艺。

到了万历年间，把品茶作为幽人首务的屠隆，在《茶说》中明确表达了对日晒茶的厚爱。他说："茶有宜以日晒者，青翠香洁，胜似火炒。"屠隆对茶的态度比较客观，他认为茶有适宜日晒的，也有不适宜日晒的品种，如果适合日晒的，就要做成青翠芳馨、啖之赏心、嗅之解渴的仙品，像今天的福鼎大白、政和大白、水仙大白、福安大白等等。明代人这种对茶应遂其自然之性的开明态度，较之过去，是制茶观念的解放和进步。

在朱元璋废团改散的号召下，在明代文人的鼓动参与下，各类绿茶在明代都得到了长足的发展。从蒸青、炒青，到先炒后烘、先蒸后烘，造时精、藏时燥，愈见精良。茶的揉捻工艺，从张源《茶录》的"轻团那数遍"，到罗廪的"茶炒熟后，必须揉挪。揉挪则脂膏溶液，少许入汤，味无不全"，其揉捻手法和力道不断在加重。闻龙在《茶笺》中强调，以手重揉之，揉则其津液浮于茶的表面。无论是炒茶还是蒸茶，明人都要求把茶炒熟蒸透，以无青草气为佳。黄龙德在《茶说》中写道："炒造时，草气既去，香气方全，在炒造得法耳。"古人已经清醒地认识到，茶的杀青，是一个"初用武火急炒，以发其香"的过程。用现代科学的语言表述，茶叶的杀青，就是通过高温破坏和钝化茶青中氧化酶的活性，抑制鲜叶中茶多酚的酶促氧化，并蒸发掉部分水分，使茶叶变软，利于揉捻成形，同时散发掉低沸点的青草气味，促进高沸点的良好香气的形成。

明代绿茶名品，争奇斗艳，尤其以虎丘茶与天池茶的声名最

六安瓜片的炒制

盛。屠隆《茶说》记载："虎丘，最号精绝，为天下冠。惜不多产，皆为豪右所据，寂寞山家，无繇获购矣。"时人把虎丘茶列为第一，可惜好景不长，到明末清初，虎丘茶和天池茶很快就销声匿迹了。

其后，便是松萝茶的崛起，其品质与虎丘茶在伯仲之间。松萝茶以采制精工细作称道，据闻龙《茶笺》记载："茶初摘时，须拣去枝梗老叶，惟取嫩叶。又须去尖与柄，恐其易焦，此松萝法也。炒时须一人从旁扇之，以祛热气。否则黄色、香味俱减，予所亲试。扇者色翠，不扇色黄。炒起出铛时，置大瓷盘中，仍须急扇，令热气稍退。以手重揉之，再散入铛，文火炒干，入焙。盖揉则其津上浮，点时香味易出。"松萝茶是隆庆年间、曾在虎丘出家的大方和尚结庐安徽休宁后创制的，松萝茶的制作技术，自然会带有虎丘茶的技术印痕。

松萝茶的炒制，为什么要去掉最嫩的芽尖？明末学者谢肇淛在《五杂俎》中证实说："茶叶尖者太嫩而蒂多老，至火候匀时，尖者已焦，而蒂未熟，二者杂之，茶安得佳？松萝茶制法，每叶皆去其尖蒂，但留中段，故茶皆一色，而功力烦矣。宜其价之高也。"罗廪在《茶解》中也说，松萝茶出自安徽休宁的松萝山，是由僧人大方和尚首创的。其法为：将茶摘去筋脉，以银铫炒制。古时炮制中药，偶用银锅金铲，但用银锅炒茶，在中国茶业史上见于记载的还是第一次，真让我辈大开眼界。银比铁导热快，赖此杀青可能会更透彻，也能避免茶染铁腥的不良气息。

黑茶发展到了明代，技术已趋于成熟，且产量巨大。“黑茶”二字，最早见于明嘉靖三年（1524）御史陈讲的奏疏：“以商茶低伪，征悉黑茶。地产有限，仍第为上中二品，印烙篾上，书商名而考之。每十斤蒸晒一篾，运至茶司，官商对分，官茶易马，商茶给卖。”陈讲是明正德十六年（1521）的进士，嘉靖二年，分管陕西茶马事宜，任上著有《茶马志》。陈讲的奏疏，主要讲了当时的商茶货值低、质量差、假货多，因此才全部征用黑茶，来取代江西、湖广、浙江、福建等地的商茶，并以此规范了黑茶的篾重，及时解决了茶马交易中黑茶的计量称重等问题。

万历二十三年（1595），明政府为了维护川茶的主导地位，御史李楠请禁湖茶，禁止茶商购买湖茶（商茶）运陕出售。据《明

湖南安化黑砖

江南德和老号

神宗实录》记载：“乃奸商利湖南之贱，逾境私贩。番族享私茶之利，无意纳马，而茶法、马政两弊矣。今宜行巡茶御史招商报引，先为晓谕，愿报汉、兴、保、夔者准中，越境下湖南者，通行禁止。”价低味厚的湖南黑茶走私猖獗，使得“马日贵而茶日贱”，且无番人愿意以马换茶，严重冲击了自唐宋以来用于茶马交易的四川乌茶的原有市场体系。为保证茶马互市的国家利益，必须要把湖南黑茶纳为官茶管理。《明史·食货志》记载：“湖茶禁后，神宗万历二十五年（1597）御史徐侨说，汉川茶少而贵，湖南茶多而便宜。湖茶之行，无妨汉中。汉茶味甘而薄，湖茶味苦于酥酪为宜，亦利番也。但宜立法严核，以遏假茶。户部折中其议，以汉茶为主，湖茶佐之。各商中引，先给汉川，毕乃给湖南，如汉引不足，补以湖引。”上述史料证实了，黑茶在明朝，逐渐由四川、陕西转移到湖南产区的历史进程。作为黑茶类，安化黑茶确实味厚于川茶，更适于边疆地区煎煮，并加入奶酪饮用。

在此历史阶段之前的黑茶，一般均称作乌茶。《明史·茶法》记载：“（太祖朱元璋）诏天全六番司民，免其徭役，专令蒸乌茶易马。”文中的“乌茶”，是指味甘而薄的四川乌茶，它是黑茶最早的雏形。四川乌茶的前身，本是茶青粗老的专供少数民族地区饮用的蒸青团茶。

红茶偶然产生在明末。在崇尚绿茶的过去时代，国人几乎是不喝红茶的，因此，在红茶发端之时，红茶便无缘进入传统文人的视野，更少见于文字的记载。在正山小种诞生之后，大约到了清代中后期，红茶便进入了最为辉煌的历史发展阶段。正山小种红茶通过出口贸易，带动和影响了中国各地红茶的纷纷诞生，如闽红、宁红、祁红、湖红、宜红、越红、英红等。

花茶在唐代偶见于记载。宋代以花助茗，记载较多，但完善的窨茶工艺，尚未见之于文献。元代，倪云林择取莲蕊初开的荷花，窨制莲花茶，颇具情致。之后的芸娘，步其芳踪，在苏州的沧浪亭畔，萧爽楼中窨制荷花茶。沈复对此记之："夏月荷花初

桐木关正山小种红茶的发酵

开时，晚含而晓放，芸用小纱囊撮茶叶少许，置花心，明早取出，烹天泉水泡之，香韵尤绝。”借由身边的茶与花，能把清苦的日子过得诗情画意、津津有味的，莫过于芸娘了。芸娘的才情与可爱，古往今来，不知倾倒过多少的文人墨客。可惜天妒红颜，慧极必伤，也不知天下会有多少男人，为其情深不寿而扼腕长叹。

明代炒青茶、烘青茶的发展，为花茶的普及，提供了技术和品质保证。顾元庆的《茶谱》，对花茶的窨制技术有了比较详细的记载，他写道：“木樨、茉莉、玫瑰、蔷薇、兰蕙、桔花、栀子、木香、梅花皆可作茶。诸花开始摘其半合半放蕊之香气全者。量其茶叶多少，摘花为茶。花多则太香，而脱茶韵，花少则不香，而不尽美。三停茶而一停花始称。如木樨花须去其枝蒂及尘垢、虫蚁，用瓷罐一层茶、一层花投入至满，纸箬扎固入锅，重汤煮之，取出待冷，用纸封裹，置火上焙干收用。”朱权的《茶谱》，也用较大篇幅介绍了花茶的制法。不仅如此，朱权喝茶时，还习惯于把数颗新鲜的花蕾，投于茶瓯之中。“少顷，其花自开。瓯未至唇，香气盈鼻矣。”花益茶香，香气浮碗，不失为雅致有味的生活。尽管有人反对，花香可能会影响到茶的香气，如此会失茶之韵味。但是，每个人的生活，都有其属于自己的感受，与他人无关。好尚无一定之规，雅俗有不易之则。只要不是太俗太装，能把沉闷、枯燥的人生，稍稍艺术化一些，让自己活得更加率真、有味一点，有花有茶的生活，岂不也是诗意盎然、活色生香？

闵老子茶
甲天下

明末的松萝茶，在闵汶水别出心裁的改良与精制下，“曲尽旗枪之妙，与俗手迥异”。

关于闵汶水的记载虽然不多，但他却是明代值得大书特书的最重要的茶人之一。明末王弘撰《山志》中记载：“今之松萝茗有最佳者，曰闵茶。盖始于闵汶水，今特依其法制之耳。汶水高蹈之士，董文敏亟称之。”董文敏，即是大名鼎鼎的董其昌。闵汶水的茶馆取名花乳斋，其出处源于刘禹锡的“欲知花乳清泠味，须是眠云跂石人”。

清初，陈允衡《花乳斋茶品》说：“因悉闵茶名垂五十年，尊人汶水隐君别裁新制，曲尽旗枪之妙，与俗手迥异。董文敏以‘云脚闲勋’颜其堂，家眉翁征士作歌斗之。一时名流如程孟阳、宋比玉诸公皆有吟咏，汶水君几以汤社主风雅。”从陈允衡的赞美可以读出，书法大家董其昌，主动为闵汶水在南京桃叶渡的茶馆，题写了“云脚闲勋”的匾额。大名士陈继儒为之赋诗，闵汶水以一杯闵

南京古桃叶渡

茶，引领着江南文人的风雅时尚。明末的文人墨客、士子名流，无不对花乳斋趋之若鹜。由此可见，闵汶水在江南文化圈的影响之大。这种风光与待遇，是之前的历代茶人、从未享有过的北斗之尊，因此，称赞闵汶水是明末的茶坛领袖，一点也不为过。

董其昌在其著作《容台集》中，评价过闵汶水和他的闵茶。他说在他金陵的官署中，时常有人送茶，但饮后感觉平平。一日，归来山馆得啜尤物，询问之后，方知是闵汶水所制，便立即起身去桃叶渡拜访闵汶水，因茶为友。董其昌感慨写道："汶水家在金陵，与余相及，海上之鸥，舞而不下，盖知希为贵，鲜游大人者；昔陆羽以粗茗事，为贵人所侮，作《毁茶论》；如汶水者，知其终不作此论矣。"不仅如此，贵为南京礼部尚书的董其昌，洞烛先机，针对有人造假和仿冒闵茶，他多次建议闵汶水，要对闵茶的包装进行重新设计，提高茶叶包装的精美度和辨识度，并对自有知识产权进行有效的保护，“必须从图记、印封瓶头认辨到，才是最精贵的物品。”闵茶可能是中国历史上，最早启用防伪商标设计或使用防伪包装的茶品。

曾权倾一时的晚明戏剧大家阮大铖，写有《过闵汶水茗饮》诗：“茗隐从知岁月深，幽人斗室即孤岑。微言亦预真长理，小酌聊澄谢客心。静泛青瓷流乳雪，晴敲白石沸潮音。对君殊觉壶觞俗，别有清机转竹林。”才气可比汤显祖的阮大铖认为，闵汶水的谈吐，可与东晋擅长清言的名士刘真长媲美；闵老子的茶，能让自己像谢灵运的诗一样沉静澄澈。由此可以洞见，闵汶水先生，确实不同于一般的茶商，他是高雅的隐者，是不俗的名士，是茶中的幽人。

闵汶水制作的茶，据清代刘銮《五石瓠》记载：“大抵其色则积雪，其香则幽兰，其味则味外之味。”从其描述来看，闵茶色香味俱绝，且有其他茶罕有的味外之味，以致多少年以后，俞平伯的曾祖、章太炎和吴昌硕共同的老师，清末著名学者俞樾在《茶香室丛钞》慨叹：“余与皖南北人多相识，而未得一品闵茶，未知今尚有否也。”不只是俞樾遗憾，作为爱茶人都会有此一叹，都想一探闵茶的究竟。如此就能够理解，为什么在明末会有那么多的名流雅士对闵茶、对闵汶水的茶艺羡慕不已；为什么都会以结交闵汶水把

明代成化青花盏

盏论茶为幸，以能品尝到闵汶水所制、所瀹之茶为荣了。

谈到闵汶水，焉能不提“更有痴似相公者”的明末才子张岱。张岱制茶颇有心得：“盖做茶之法，俟风日清美，茶须旋采，抽筋摘叶，急不待时，武火杀青，文火炒熟。”张岱改良家乡的日铸茶、研制兰雪，就是受了闵茶的启发和影响。

日铸雪芽，是张岱故里绍兴的名茶。北宋文坛领袖欧阳修曾说：“草茶盛于两浙，两浙之品，日铸第一。”到了明代，松萝茶因制作精良超过了日铸茶。张岱和他叔叔张炳芳表示不服，便参考松萝制法，又从安徽休宁招募具有松萝制茶经验的技工，着手改良日铸茶的生产工艺。

张岱为此撰文说："三峨叔知松萝法，取瑞草试之，香扑烈。"其制作，"扚法、掐法、挪法、撒法、扇法、炒法、焙法、藏法，一如松萝"。但是张岱发现，采用上述方法做出的茶，"煮禊泉，投以小罐，则香太浓郁"。与闵茶的淡雅幽香相差悬殊，于是锲而不舍，又重新多次试制，"入茉莉，再三较量，用敞口瓷瓯淡放之，候其冷；以旋滚汤冲泻之，色如竹箨方解，绿粉初匀；又如山窗初曙，透纸黎光。取清妃白，倾向素瓷，真如百茎素兰同雪涛并泻也。雪芽得其色矣，未得其气，余戏呼之'兰雪'"。锲而不舍，百折不挠，张岱的兰雪茶终于试制成功，之后风靡绍兴等地，一时成为爱茶人的追求与斗茶法宝，造成了普通松萝茶的价跌量缩。自此，市场上的许多松萝茶，也开始鱼目混珠，跟风冒充兰雪茶售假，以牟取暴利。

张岱在《兰雪茶》一文最后说："乃近日徽歙间松萝亦名兰雪，向以松萝名者，封面系换，则又奇矣。"可见，张岱的兰雪茶，色、香、味、境已近闵茶。虽然记载中的名闻遐迩的闵茶、兰雪茶，我们都已无缘品到，但是，何以慰己？何以解馋呢？每年的大暑，我唯有摹张岱意，选用上好的头春雪芽，窨制兰雪茶百余斤，取清妃白，倾向素瓷，慢慢啜饮，以此去感受古人制茶的味外之旨，韵外之致。

不唯张岱，就连张岱心仪的、秦淮最有殊色的名妓王月生，

明代成化青花杯

也是闵汶水的超级粉丝。张岱的《陶庵梦忆》曾四次写到过王月生，其中在《曲中妓王月生》写道："及余一晤王月生，恍见此茶能语矣。"享尽富贵、雅不避俗的张岱，还是被茶一般高贵的王月生深深打动了。王月生如梅的冷艳，迷得张岱甚至是销魂丢魄。张岱在《王月生》篇继续写道，孤梅冷月、含冰傲霜、不喜与俗子交接的王月生，"好茶，善闵老子，虽大风雨、大宴会，必至老子家啜茶数壶始去。所交有当意者，亦期与老子家会。"由此可见，张岱也是王月生同饮的"当意者"，从中也能够看出，闵茶的号召力之大，闵汶水超强的人格魅力，以及茶道工夫的技冠群芳。

桃叶渡边
花乳斋

我最早了解张岱，是中学时读其《湖心亭看雪》：“湖上影子，惟长堤一痕、湖心亭一点，与余舟一芥、舟中人两三粒而已。”读毕，美得有点清冷。读大学后，才知张陶庵这位明清第一散文大家，少为纨绔子弟，极爱繁华，茶淫橘虐，书蠹诗魔。他有句名言：“人无癖不可与交，以其无深情也。人无疵不可与交，以其无真气也。”仅仅喝茶这一个癖好，让他深情于茶，便可轻易跻身成为明代品茶鉴水的大家之一。

明末，能有资格与闵汶水对饮，或有机会喝到闵茶，已成为文人雅士的一种身份或社会地位的象征，精于鉴茶的张岱，自然也不能免俗，况且，他的茶友周又新先生，“每啜茶，辄道白门闵汶水”。时常耳闻茶坛领袖闵汶水的技艺高超，又怎能不让张岱顿生仰慕之情呢？张岱尝曰：“恨不令宗子见。”本来，张岱是有机会见到闵汶水的，他在《茶史序》中写道：“一日，汶水

明代永乐瓷瓯 美国大都会艺术博物馆藏

至越，访又新先生，携茶具，急至予舍，予时在武陵，不值，后归，甚懊丧。”错失良机后，无缘见到闵汶水，张岱引以为恨。无奈之下，他从浙江山阴乘船来到南京，“抵岸，即访闵汶水于桃叶渡”。茶史上最精彩的关于品茶鉴水的高手对决，至此才徐徐拉开帷幕。

张岱在《闵老子茶》写道：“日晡，汶水他出，迟其归，乃婆娑一老。方叙话，遽起曰：‘杖忘某所’，又去。余曰：‘今日岂可空去？’迟之又久，汶水返，更定矣。睨余曰：‘客尚在耶！客在奚为者？’余曰：‘慕汶老久，今日不畅饮汶老茶，决不去。’”张岱初次拜访闵汶水时，闵汶水已经七十岁了，乃婆娑一老人。但是，闵老子并没把恃才傲物的张岱放在眼里，本想借口不见，精诚所至，最终还是被张岱爱茶的一片真情所感动。张岱在《茶史序》里，记录了闵汶水初见自己时的寒暄，“愕愕如野鹿不可接”。以结交雅士而久负盛名的世家子弟张岱，此刻也难入闵老子的法眼，由此可以窥见，闵老子当时在茶界的地位之高，确实非同一般。

接下来，闵老子“自起当炉，茶旋煮，速如风雨”的娴熟技巧，让张岱叹为观止。之后，便将张岱引至一室，张岱写道：“明窗净几，荆溪壶、成宣窑瓷瓯十余种，皆精绝。灯下视茶色，与瓷瓯无别，而香气逼人，余叫绝。”经过几番较量，当闵老子发现张岱知茶辨水、才气过人，便引以为茶中知己。汶水大笑曰：‘余年七十，精饮事五十余年，未尝见客之赏鉴者此之精也。五十年知己，无出客右。岂周又老谆谆向余道山阴有张宗老者，得非客乎？’余又大笑，遂相好如平生欢，饮啜无虚日。”（张岱《陶庵梦忆》）

得到闵老子的认可，张岱满意而归，写下了《闵汶水茶》，以咏其事。诗云：“十载茶淫徒苦刻，说向余人人不识。床头一卷陆羽经，彼用彼发多差忒。今来白下得异人，汶水老子称水厄。烧鼎混沌寻香色，嚼山咀土餐细霞。不信古人信胸臆，细细钻研七十年。到得当炉啜一瓯，多少深心兼大力。”

明代永乐青花瓷瓯

不久以后，张岱在闵汶水的花乳斋，结识了金陵最有气质的美女王月生，张岱赞美道：“曲中上下三十年，绝无其比也。”他在《曲中妓王月生》诗中，也顺便写到闵汶水：“今来茗战得异人，桃叶渡口闵老子。钻研水火七十年，嚼碎虚空辨渣滓。白瓯沸雪发兰香，色似梨花透高低。舌闻幽沁味同谁，甘酸都尽橄榄髓。”从以上两首诗中可以读出，精于茶理的张岱，对闵汶水是高山仰止，对其钻研七十年的精湛茶艺，则佩服得五体投地。

张岱在《西湖七月半》写道：“小船轻幌，净几暖炉，茶铛旋煮，素瓷静递。”张岱喝茶时的茶铛旋煮、素瓷静递，以及他引进松萝制法改造日铸茶、创制兰雪茶，无不是受到了闵汶水的启发和影响。

张岱积多年品茗鉴水的经验，撰写了《茶史》一部，意在“使世知茶理之微如此，人毋得浪言茗战也”。张岱曾亲自把手稿交给闵汶水，请他“细细论定”，但就在书稿即将付梓之时，清军大举南下，战祸迭起，张岱无奈举家迁移。在逃难避乱的战火中，张岱不慎把书稿丢失，仅存我们今天能读到的《茶史序》一篇。《茶史》的不幸遗失，与湮没在历史尘烟中的唐代茶道大家皎然的《茶诀》一样，都是中国茶史上无法弥补的重大损失。张岱不仅在《闵老子茶》中，追记莫逆之交的茶中知音闵汶水，而且在论茶时，也发出无限慨叹：“金陵闵汶水死后，茶之一道绝矣。”的确如此，闵汶水一死，茶之一道虽然绝矣，但是，他对中国工夫茶的启蒙与影响，却是“春风吹又生”。

明代初期，贡茶主要由福建北部的建宁府贡进。洪武二十四年（1391）庚子诏：“建宁府岁贡上供茶，听茶户采进，有司勿与。上以重劳民力，罢造龙团，惟茶芽以进。”朱元璋在明初的废团改散，促进了江浙一带绿茶的蓬勃发展，虎丘、天池、天目、松萝、罗岕、龙井等名茶辈出。长三角的名茶之盛，可能与江浙文人掌握的话语权有关。当时中国 80% 左右的人才，都出生、生活在江浙这片沃土上，真可谓人杰、地灵、茶俊秀。

明代谈迁《枣林杂俎》说：“明朝不贵闽茶，既贡，亦备宫中浣濯瓶盏之需。”从中可以看出，明代皇室不像宋、元那么重视武夷山脉生产的茶，这造成了武夷茶在明代的衰弱。屋漏偏逢连夜雨，嘉靖三十六年（1557），御焙遭毁，茶山荒芜，无茶可采，民不聊生。建宁郡守钱业，奏请免解武夷茶，改由南平贡茶，武夷茶被迫退出贡茶的历史舞台。

清代释超全的《武夷茶歌》，也写到过这段历史。其诗云：“景泰年间（1450 ~ 1457）茶久荒，喊山岁犹供祭费。输官茶购自他山，郭公青螺除其弊。嗣后岩茶亦渐生，山中借此少为利。往年荐新苦黄冠，遍采春芽三日内。搜尽深山粟粒空，官令禁绝民蒙惠。”

此前过高过重的贡茶任务，摧残了茶树的生长，导致茶园荒废、茶叶减产，茶农迫不得已，只得购买他山之茶以输官茶。地方官吏趁机敲诈勒索，诸如喊山的祭费等苛捐杂税，多如牛毛。当茶农被逼得无生路可走之时，只能砍掉茶树，烧毁茶园，背井离乡，四散而逃。对此景象，清代朱彝尊在《御园茶歌》写道："先春一闻省帖下，樵丁荛竖纷逋逃。"当武夷"本山茶枯"，无法完成贡额时，不得不"改贡延平"。

据记载，武夷茶衰退的重要原因，不单是因为茶叶的品质，更重要的是茶叶制法的落后。明人费元禄说得很清楚："松萝、虎丘制法精特，风韵不乏，芽性不耐久，经时则味减矣，耐性终归武夷。"建茶味厚，费元禄真是懂茶之人！他总结认识得非常准确到位。这也正是清初武夷茶借鉴松萝制法、改蒸青为烘青的根本原因。武夷茶因贡茶昌兴，也因贡茶衰亡，真是成也萧何，败也萧何。

长江后浪推前浪。武夷茶的衰弱，为江南松萝等名茶的脱颖而出，提供了契机。闵汶水因高超的泡茶技艺和精炒细焙的闵茶，成为影响力甚巨的一代茶道大师。当宋比玉、洪仲章等福建文人游历南京，称颂闵汶水时，引起了贰臣周亮工的不满。他在《闽茶曲》中，讥讽闵汶水时写道："歙客秦淮盛自夸，罗囊珍重过仙霞。不知薛老全苏意，造作兰香诮闵家。"他在诗后又注解说："秣陵好事者，常诮闽无茶，谓闽客得闵茶咸制为罗囊，佩而嗅之以代旃檀，实则闽不重汶水也。闽客游秣陵者，宋比玉、洪仲章辈，类依附吴儿，强作解事，贱家鸡而贵野鹜，宜为其所诮也。”秣陵即是南京，周亮工因喜爱家乡福建的茶，而无原则地抵触闵茶，这种故土情感可以理解，但他看不到江南制茶技术的巨大进步，却仍夜郎自大，刚愎自用，未免有点小肚鸡肠了。

为了进一步了解闵汶水，周亮工专程来到南京的桃叶渡，登门拜访闵汶水，同时，也品尝到了极负盛名的“闵茶”。之后，他在《闽茶曲》注云：“歙人闵汶水居桃叶渡上，予往品茶其家，见水火皆自任，以小酒盏酌客，颇极烹饮态，正如德山担青龙钞，高自矜许而已，不足异也。”周亮工认为，闵汶水用小酒盏酌客，动作潇洒自如、熟练优美，就像德山和尚未开悟前，千里迢迢从四川出发，挑着他研究《金刚经》的心得《青龙疏钞》，去湖南的龙潭寺，与不立文字的禅宗较量一样。周亮工此刻并没有认识到，闵汶水改造松萝茶、革新松萝泡法的一枝独秀；他只偏执地认为，闵汶水瀹泡闵茶的标新立异，是一种清高和自夸；同时也不能忽视，那时的闵汶水，已是七十余岁的老人了，仅“颇极烹饮态”这一点，已是非同常人。闵汶水在那个时代泡茶待客，不借助于任何帮手，且水火自任，敢于以小酒盏取代大茶瓯品茶，敢为天下新，不走寻常路，着实是需要一番勇气和自信的。闵老子对中国工夫茶的开拓、启蒙以及即将产生的巨大影响，周亮工并没有看懂，更没有意识到，只淡淡一句“不足异也”，一笔带过。

乾隆进士刘銮，在《五石瓠》中写到闵茶时说：“其钟气于胜地者既灵，吐含于烟云者复久；一种幽香，自尔迥异。且此坞方圆径尺许，所产更佳，过此则气味又别矣。然盛必锡器，烹必清泉，炉必紧炭，怒火百沸，待其沸透，急投茶于壶。壶以宜兴砂注为最，锡次之。又必注于头青磁钟。产于天者成于人，而闵茶之真味始见，否则水火乖宜，鼎壶不洁，虽闵公所亲植者，亦无用矣。有识者知其味淡而气厚，瓶贮数年，取而试之，又清凉解毒之大药云。”

刘銮描述的闵茶，盛茶用锡器，水择清泉，炉烧紧炭以求活火，壶用宜兴紫砂，水沸急投茶，如张岱所记“茶旋煮，速如风雨”，结合周亮工所见“见水火皆自任，以小酒盏酌客，颇极烹饮态”，从紫砂壶、小茶杯、紧炭、火炉、活水、活火等，到水火自任、“颇极烹饮态”的泡茶技法，一套活脱脱的、形制完备的工夫茶图画，跃然纸上，这不就是历史上最早的工夫茶泡法吗？

张岱在首次看到闵汶水的茶室时，也写道：“明窗净几，荆溪壶、成宣窑瓷瓯十余种，皆精绝。”近代，翁辉东在《潮州茶经》中，对工夫茶做了最恰当的定义。他说：“工夫茶之特别处，不在茶之本质，而在茶具器皿之配备精良，以及闲情逸致之烹制法。”可见，工夫茶与泡什么茶类并无关系，首先要有闲情逸致，因茶施器，建立对茶与茶器的审美，还必须要辩其香味而细啜之。对茶的香气与滋味的细辨，就需要精心烹制，“少食多知味”，相应的也必须对壶与杯进行小型化的改造。巨壶大盏，

明代宣德青花瓷瓯

不可以入品。

闵老子以紫砂壶、成宣小酒盏冲泡松萝茶，茶器不可谓不精良；烹茶时，水火自任，速如风雨，颇极烹饮态，闲情逸致，风流卓绝。在张岱眼里，闵汶水这位“钻研水火七十年”的白下异人，因茶而变，大胆自信地把小酒盏借用为茶杯，独创了工夫茶的泡法。小酒盏是若琛杯的前身，受此影响，茶瓯、茶盏才开始逐渐变得巧小玲珑，真正意义上的茶杯，至此才正式诞生。

清初，崇安县令殷应寅，“招黄山僧以松萝法制建茶”，武夷茶从此由蒸青茶改造为烘青绿茶，当时的武夷茶，又被称为武夷松萝，这个关键转折点，周亮工在《闽小记》记载得非常清晰。闵老子独创的工夫茶泡法，影响到黄山僧人松萝茶的泡法，而工夫茶的松萝泡法，又随着松萝茶的技术传播进而影响到武夷山区的僧人。当武夷山的闽北乌龙茶诞生以后，作为一种曾借鉴松萝制茶技术而产生的崭新茶类，必定会酝酿出一种与过去迥乎不同的新的泡茶方式，而这种全新的泡茶法，从根本上还是照搬或者受到了松萝泡法的深刻影响。从此，“茗必武夷，壶必孟臣，杯必若深，三者为品茶之要”的工夫茶，开始在福建、广东、台湾等乌龙茶产区次第流行，蔓延开来。

虎丘松萝与罗岕

提起吴侬软语的苏州，我们首先想到的茶，可能是碧螺春。殊不知在明代，以虎丘茶的名声为最高，被尊为天下第一。明代王世贞《虎丘试茶》诗云："洪都鹤岭太麓生，北苑凤团先一鸣。虎丘晚出谷雨候，百斗百品皆为轻。慧水不肯甘第二，拟借春芽冠春意。"诗中大意是说，历史上的鹤岭茶、北苑茶、蒙顶茶等贡茶，都会比虎丘茶逊色，就连大名鼎鼎的惠山泉，也要凭借虎丘茶的声名，来提高自己的身价。

据《吴县志》记载："（茶）出虎丘金粟山房，叶微带黑，不甚苍翠，烹之色白如玉，而作豌豆香，性不能耐久，宋人呼为'白云茶'。"此处的"豌豆香"，应是豌豆开花的清香气息，每年西山的碧螺春开采时，正是淡紫色的豌豆花盛开吐芳的初春。

唐代诗人韦应物为官苏州时，写下《喜虎丘园中茶生》一诗，诗中描述过虎丘茶："洁性不可污，为饮涤尘烦。此物信灵味，

苏州西山碧螺春茶园

本自出仙源。聊因理郡余，率尔植荒园。喜随众草长，得与幽人言。”虎丘茶的出现，传说与陆羽有关。陆羽到苏州隐居，大约是在唐贞元十二年，他来到风景秀丽的苏州，品鉴虎丘泉水，并引水种茶。当他发现虎丘的山泉甘洌可口，遂即在虎丘山上挖筑石井，用井水煮茶，苏州人称之为“陆羽井”。其后虎丘泉水，又被唐代刘伯刍评为“天下第三泉”，从此，历代的文人墨客，无不以到虎丘品泉水、烹茶为雅事。陆羽井四周石壁陡峭如削，犹如天成，被苏东坡赞为“铁华秀岩壁”，后人遂称其为“铁华岩”。宋绍熙年间，郡守沈揆在泉上跨水建“三泉亭”。明代正

德年间，长洲知县高第，还构筑了“品泉”“汲清”两座小亭。被誉为山中宰相的王鏊，曾为此作《虎丘第三泉记》，刻碑并置品泉亭，后被毁坏。明代万历年间，名臣申时行之子申用懋，重建三泉亭，陈继儒又作《三泉亭》记之，以慰其灵。

从三泉亭的历代碑记可以确定，陆羽与“虎丘第三泉”的关联度极高，从皎然的《同李司直题武丘寺兼留诸公与陆羽之无锡》诗中，也能证明陆羽确实到过苏州，皎然诗中的“武丘”，即是虎丘。清初，陈鉴在《补陆羽采茶诗并序》中说：“陆羽有泉井，在虎丘，其旁产茶，地仅亩许，而品冠乎罗岕松萝之上。暇日游观，忆羽当日必有茶诗，今无传焉，因为补作云：物奇必有偶，泉茗一齐生。蟹眼闻煎水，雀芽见斗萌。石梁苔齿滑，竹院月魂清。后尔风流尽，松涛夜夜声。”但是，如果细究历史就会发现，韦应物任苏州刺史时，已经赋诗赞美过虎丘茶了。贞元七年（791），韦应物在苏州去世，而陆羽到苏州时，韦应物已去世五个年头了，可见，虎丘茶的种植与陆羽无关。

清代茶学家陈鉴，曾为虎丘茶未载入《茶经》而大惑不解，他认为陆羽“曾隐虎丘者也，井焉，泉焉，品水焉，茶何漏？”我们从本书的上文知道，陆羽大约在780年完成《茶经》的著述。虎丘茶之所以没有写进《茶经》，首先，可能是因为虎丘茶的产量太低，不足以作为一个典型的种类或茶区去写。其次，也有可能因为陆羽在那时，根本就没有喝到过虎丘茶。自古至今，商家或文人眼中的名茶，都喜欢与茶圣陆羽或不靠谱的传说勾连附会，姑妄言之，姑妄听之，不可不慎。

虎丘茶名冠天下，个人以为，是由以下三个原因决定的。首先，苏州文人渊薮，文人的传播与追捧不可小觑。其次，虎丘茶的炒烘精加工技术，在当时堪称第一，这一点，从松萝茶的制作过程，也能看出端倪。明代地理学家王士性，在《广志绎》中说：“虎丘、天池茶，今为海外第一。余观茶品固佳，然以人胜。”“其采揉焙封法度，锱两不爽。”王士性的观点是客观的，虎丘茶是因制作优异和人杰地灵脱颖而出的。明末茶人冯时可也说：“苏州茶饮遍天下，专以采造胜耳。”第三，虎丘茶的著名，可能与茶树品种的变异有关。口感鲜美，量少价珍。在国内茶区的春茶季，我们经常可以见到发生过变异的白化、白叶茶等。《吴郡虎丘志》记载："虎丘茶，僧房皆植，名闻天下。谷雨前摘细而烹之，其色如月下白，其味如豆花香。"《元和县志》记载虎丘茶："不甚苍翠，烹之色白如玉，而作豌豆香，性不能耐久，宋人呼为'白云茶'。"从上述记载可以推断，叶片白中泛翠的虎丘茶树，近似于安吉白茶的白叶一号品种；香气似豌豆花香，显然是经过高温炒烘、高含量的氨基酸受热所形成的特殊香气。

虎丘茶品高量少，明代曾列为贡茶。盛名之下，招来横祸。据记载，明代天启年间，虎丘茶供不应求，但仍有高官强令寺僧献茶，虎丘寺无茶可献的后果，致使寺院主持惨遭官吏们的毒打，主持羞辱悲愤交加，便命寺僧一夜之间将茶树尽数毁掉，以绝旁人念想。清代顾湄、陈鉴看到的虎丘茶，可能是后来重新移栽的茶树，也可能是劫后余生、数量极少的老茶树。明代，文震孟针对污吏逼缴虎丘茶，寺僧羞除殆尽茶树的这期恶性事件，曾作《剃茶说》以讽之伤之，其文也记载了虎丘茶的产量："然所产极少，竭山之所入，不满数十斤。"清代学者尤侗，在《虎丘试茶》文中写道："虎丘之茶，名甲天下；官锁茶园，食之者寡。"从上述记载可以看出，虎丘茶的产量确实过于稀少，即使不发生官员富豪强取豪夺或官员勒索逼茶事件，虎丘茶也会因过采而难以为继。种种原因，使得虎丘一代名茶，终成绝响。

另外，从天池茶绝迹事件的记载，也可以印证虎丘茶灭绝的真正原因。冯时可的《茶录》中，记载过关于天池茶的往事。他写道：“松郡佘山亦有茶，与天池无异，顾采造不如。近有比丘来，以虎丘法制之，味与松萝等。老衲亟逐之，曰：‘无为此山开羶径而置火坑！’盖佛以名为五欲之一，名媒利，利媒祸，物且难容，况人乎？”天池寺庙的主持，为什么要把精于虎丘制茶法的小和尚赶出庙门呢？他是担忧虎丘茶灭绝之后，天池茶会引起官吏富豪们的高度关注，为避免引火烧身，只有釜底抽薪，敢于庸俗，不再参照虎丘的制茶工艺来做天池茶，以免重蹈虎丘剃茶之祸。当天池山的制茶水准，人为降低以后，天池茶便渐渐被世人所遗忘，也就湮没无踪了。从天池茶与虎丘茶消失的原因能够推断，虎丘茶和松萝茶，同时被列为海内第一的根本原因，就是二者的采摘、制造、储存的精细精良，“专以采造胜耳”。

唯一能寻觅到虎丘茶制作踪迹的，就是鼎鼎大名的松萝茶了。明代隆庆年间，当虎丘无茶可炒时，在虎丘出家的大方和尚，于是来到安徽休宁结庐制茶，另立门户，松萝茶很快就声名鹊起。冯时可《茶录》记载：“徽郡向无茶，近出松萝茶，最为时尚。是茶，始比丘大方，大方居虎丘最久，得采造法，其后于徽之松萝结庵，采诸山茶于庵焙制，远迩争市，价倏翔涌。人因称松萝茶。”

松萝茶的制法，与天池茶一样，均是传承了虎丘茶的衣钵，其特点是采摘精细，武火杀青，文火炒干，炒烘结合。从松萝茶的工艺，可以一探虎丘制茶的奥秘。明代闻龙《茶笺》记载：松萝茶“茶初摘时，须拣去枝梗老叶，惟取嫩叶，又须去尖与柄，恐其易焦，此松萝法也。炒时须一人从旁扇之，以祛热气，否则色香味俱减。予所亲试，扇松萝茶者色翠。令热气稍退，以手重揉之，再散入铛，文火炒干入焙。”松萝茶的出现，实现了高档绿茶从江南茶区向安徽茶区的传播，江南文人精致高雅的品茶方式，随着制茶技术的传播，开始席卷中国，其影响至少持续到清代中期。

明代的戏剧家龙膺，在给罗廪的《茶解》作跋时写道：“宋孝廉兄有茶圃，在桃花源，西岩幽奇，别一天地，琪花珍羽，莫能辨识其名。所产茶，实用蒸法如岕茶，弗知有炒焙揉挼之法。予理鄣日，始游松萝山，亲见方长老制茶法甚具，予手书茶僧卷赠之，归而传其法。”从龙膺的亲历可以看出，他的朋友在湖南桃源尽管有茶园，但还不知制茶的炒焙、揉挼之法，仍沿用前朝的蒸青工艺，等他来到安徽休宁，亲眼看见大方长老制茶之后，便把松萝制法传给其兄。星星之火，可以燎原，从中能够窥见，松萝制茶法在民间的快速传播。

明末清初，吴嘉纪的《松萝茶歌》，能够展现松萝茶的最初形态。其诗云：“今人饮茶只饮味，谁识歙州大方片？松萝山中嫩叶萌，老僧顾盼心神清。竹篮提挈一人摘，松火青荧深夜烹。

韵事倡来曾几载，千峰万峰丛乱生。春残男妇采已毕，山村薄云隐百日。卷绿焙鲜处处同，蕙香兰气家家出。北源土沃偏有味，黄山石瘦若无色。紫霞摸山两幽绝，谷暗蹊寒苦难得。种同地异质遂殊，不宜南乡但宜北。”从诗中可以读出，松萝茶最早可能是扁形片茶，此后与大方茶一起，影响了近代西湖龙井茶的外形。松萝茶的产地，在休宁也不止一处。文震亨的《长物志》中提及，山中仅有一两家炒法甚精。

据《休宁志》记载，后来大方和尚“僧即还俗”，这究竟是什么原因呢？史料不明。这与祁红的发明人之一余干臣的消失，有点类似，羚羊挂角，无迹可寻。当明末的岕茶，受到陈继儒等文人的追捧开始崛起时，市场上的松萝茶因造假泛滥，受到了严重冲击。此时的闵汶水一骑绝尘，一枝独秀，将松萝茶的制法，发展到令其他茶品望尘莫及的高度，以致松萝制法，影响到了清代茶的发展与武夷茶的诞生。明末王弘撰《山志》记载：“今之松萝茗有最佳者，曰闵茶。盖始于闵汶水，今特依其法制之耳。”至此，在中国制茶历史上，亲手全程制茶，因茶名留下个人名字的，只有大方和尚与闵汶水二人。宋代的前丁后蔡，发明的大小龙团，仅仅是监制而已。

岕茶的出现较晚，周高起在《洞山岕茶系》说：“至岕茶之尚于高流，虽近数十年中事。”岕茶，按照熊明遇《罗岕茶疏》的说法即是：“两山之夹曰岕，若止云岕茶，则山尽‘岕’也。

岕以罗名者，是产茶处。”按上述记载推断，罗岕茶的出现，是彼时数十年之内的事情。岕茶主要产于浙江长兴和宜兴交界、偏长兴一侧的罗山一带。当今很多人，已经无法分清罗岕茶究竟是为何物。也有很多茶书，把顾渚紫笋茶和罗岕茶等同，这都是不准确的。其实，罗岕茶是先蒸后焙的一款创新茶，其具体产地，部分地区与顾渚紫笋茶的地域重合。周高起在《洞山岕茶系》也表达了相似的观点，他说：“所以老庙后一带茶，犹唐宋根株也。”这是很有道理的。明末张大复《梅花草堂笔谈》中说：“松萝之香馥馥，庙后之味闲闲，顾渚扑人鼻孔，齿颊都异，久而不忘。然其妙在造，凡宇内道地之产，性相近也，习相远也。”这也证实了罗岕茶与松萝茶一样，其妙在造，是其制法决定了茶叶品质的高下。

罗岕茶的兴起，与长兴知县熊明遇《罗岕茶疏》的宣传有关，也与陈眉公、冒襄等文人的推崇鼓吹相关。陈继儒曾有诗：“明月岕茶其快哉，熏兰丛里带云开。”又有：“香中别有韵，清极不知寒，此惟岕茶足当之。”冒襄与董小宛独喜岕茶，柳如是和钱谦益每年品尝的岕茶，就是董小宛专程赠送的。因为董小宛高攀冒襄，是钱谦益费金费力撮合的。后来，冒襄谈及此事曾说：实在是虞山宗伯，“万斛心血所灌注而成也。”

冒襄认为岕茶：“味老香深，具芝兰金石之性。”熊明遇则说岕茶：“韵清气醇，嗅之亦有虎丘婴儿之致。而芝芬浮荡，则

“上者生烂石”的岕茶

虎丘所无也。”2013年，我偶得正宗的岕茶一两，与存幽斋主分享，高温瀹泡，香幽、汤白、味冷隽，入口水细汤滑，确真是芝芬浮荡，喉韵清凉深广。饮毕，存幽斋主说：“古人所谓的‘婴儿肉香’，不过是高山茶独有的、高茶氨酸含量表现出的淡淡奶香气息。其‘金石气’，一方面表现为茶气清冽硬朗；另一方面，可能更近似于文人气，茶性内敛高古、不张扬，咀之有芳，嚼之有味。”对存幽斋主品岕茶的高见和悟性，我深表赞同。

冒襄在《岕茶汇钞》中说：“茶之为类不一，岕茶为最。”“计可与罗岕敌者，唯松萝耳。”很有意思的是，冒襄的朋友张潮，在为冒襄《岕茶汇钞》撰写的跋文中，专门写过一首诗：“君为罗岕传神，我代松萝叫屈；同此一样清芬，忍令独向隅曲。”我从内心真正欣赏张潮，不仅因为他是《幽梦影》的作者，而且更为赞赏的是，他对茶秉持的客观理性态度，不随波逐流，不人云亦云，真是难得。

鸡缸杯本
是酒器

1368 年，朱元璋建立了大明王朝，对前代通行的匠籍制度进行改革，实行了轮班匠和住坐匠制度，使工匠在一年中的大部分时间是自由的，减弱了工匠的人身依附关系，提高了工匠的积极性和创造力。中国的陶瓷，经由唐宋的百花齐放，元代的张扬鲜丽，到了明代，很快形成了景德镇一枝独秀的局面。尽管之前的南北各大古窑，有些可能还在苟延残喘，但在瓷质和产量上，已经无法与景德镇抗衡。

明代的茶器，一反元代的粗大厚重，更多地继承了唐宋的格调和韵味，尤其是明代中期以后，茶器逐渐趋于小巧、精致；陶瓷纹饰倾向于追求玲珑精致的小资情调。茶器的生产、设计、制造，开始为使用者贴心考虑，蕴含着“百姓日用即是道”的人文主义思想。

明代的陶瓷生产，有了很精细的分工，一直深远地影响到今天景德镇的制瓷工艺。据明代宋应星《天工开物》记载：“一坯之力，过手七十二，方可成器。其中微细节目，尚不能尽也。”“过手七十二”讲的是，即使做一个茶杯，从取土、炼泥、拉坯、利坯、素烧、上釉、刻画、烧窑等等，至少需要七十二道工艺，皆分别由不同的艺人分部完成。而其中的每一道工艺，又包含了若干无法说尽的细节。仅画坯而言，“一器动累什百，画者则画而不染，染者则染而不画，所以一其手而不分其心也。”（清人蓝浦《景德镇陶录》）上述文字讲的是，在一个工序之内的画画与分水，分别是由不同的艺人来完成的，并且谁也无法取代谁。例如茶器上的一幅花鸟画，其中所包含的鲜花、飞鸟与山石等，可能至少需要三个人来分别完成，画鲜花的不画飞鸟，画飞鸟的不画山石。即使是在同一个画面上，勾线和分水还属于不同的工种，分别是由不同的匠人来完成，这才是真正的术业有分工。

明代制瓷的精细分工，促进了瓷器装饰技法的发展。永乐和宣德年间，青花料采用郑和下西洋从波斯带回的“苏麻离青”，使得青花瓷的发色浓艳明快，但因研料不够细腻，纹饰线条中常会出现钴铁的结晶斑，这种自然生发的黑斑点与青花的宝石蓝色相映成趣，一举就把明代永宣的青花瓷器，推向了不可逾越的艺术之巅。青花瓷在明代包括永宣以后，一改元代游牧民族求多求全的纹饰和密不通风的构图布局，其构图与装饰，渐趋清雅、疏朗、文气，渐次回归宋代及其之后汉民族文化的审美趋向，曾为汉族文人所不齿的“且俗甚矣”的元青花，在明代永宣以后，才慢慢进入了文人的视野与生活，这也是元代和明初文人，很少撰文记载元青花瓷的重要原因。

永乐压手杯，是永乐时期的典型青花器皿。明人谷应泰《博物要览》写道：“若我永乐年造压手杯，坦口，折腰，砂足滑底。中心画有双狮滚球，球内‘大明永乐年制’六字或四字篆书，细若米粒，此为上品；鸳鸯心者次之；花心者又其次也。杯外青花深翠，式样精妙，传世可久，价亦甚高。”为了多维度地了解压手杯，2016 年，我曾多次进出北京故宫的陶瓷馆。所谓压手杯，即是以手握杯时，微微外撇的杯子口沿，正好压合于手缘，稳贴

明代永乐青花瓷压手杯

合手，大小适中，精美绝伦。压手杯的设计，符合人机工学，杯口沿略薄，顺口沿而下胎骨渐厚，重心下移，因此，在拿取压手杯时，其尺度和口沿，恰好吻合人手的虎口部位，使压手杯变得更适合摩挲把玩之用。从杯子的设计功能分析，永乐青花压手杯是典型的酒杯。若为茶杯，盛茶汤时，杯壁的温度较高，是不适宜握在手里喝热茶的，由此缺少了品茶赏玩的趣味。

永宣时期，瓷器的成就较高。在高温颜色釉中，以铜元素为着色剂的色泽鲜艳的铜红釉，俗称宝石红、霁红；以钴料为着色剂的霁蓝，俗称宝石蓝。除二者之外，最名贵的品种，要数甜白釉了。

永乐甜白瓷，是在元代枢府瓷的基础上发展起来的。在炼胎上，逐渐增加了高岭土的比例，并经多次的过滤淘炼，去除杂质，使胎体韧性加强、拉坯更薄，增加了瓷器的白度和透光度，同时增加铝的含量，提高了白瓷的烧制温度。在釉的配伍上，尽可能去除含铁的成分，高温还原烧制，使釉色莹润，白中微泛米黄色，但积釉处会呈现湖水绿的现象。多数永乐甜白器，处于半脱胎状态。所谓脱胎，是比喻瓷器胎体的莹白轻薄，视之若无胎骨，仅余釉层。

甜白瓷又叫填白釉，因釉面柔和似白糖，给人以白白甜甜的感觉，甜白因通感而得名。甜白釉的烧制成功，为明代五彩和成化斗彩的出现，创造了有利条件。《明太祖实录》记载：“回回

明代永乐甜白茶盅

结牙思进玉碗，上不受，命礼部赐钞遣还，谓尚书郑赐曰：‘朕朝夕所用中国瓷器，洁素莹然，甚适于心，不必此也，况此物今府库亦有之，但朕自不用’。”从上文可以读出，永乐皇帝对甜白瓷的喜爱甚于玉器，这种视瓷器为瑰宝的态度，在古代皇帝中是少见的。

随着茶的瀹泡法的流行，到了永宣时代，茶器很快就摆脱了宋元遗风，具备了明朝自己的时代特征。首位自成一家改变茶盏审美的，要数宁王朱权了。他在《茶谱》里说：“茶瓯，古人多用建安所出者，取其松纹兔毫为奇。今淦窑所出者与建盏同，但注茶，色不清亮，莫若饶瓷为上，注茶则清白可爱。”文中的“饶瓷”，即是江西景德镇的枢府白瓷。朱权作为明代文人的一面特殊旗帜，影响深远，其思想和主张，左右着明代文人的饮茶观、审美观、茶器观等。之后，因永宣白瓷的精美实用，加之明代饮茶方式的革故鼎新，促进了茶器翻天覆地的变革与连锁反应。

屠隆在《茶笺》中说：“宣庙时有茶盏，料精式雅，质厚难冷，莹白如玉，可试茶色，最为要用。蔡君谟取建盏，其色绀黑，似不宜用。”“宣庙”，是指明朝宣德年间。张源在《茶录》中谈到：“盏以雪白者为上，蓝白者不损茶色，次之。”许次纾在《茶疏》中也强调：“茶瓯古取建窑兔毛花者，亦斗碾茶用之宜耳。其在今日，纯白为佳，兼贵于小。定窑最贵，不易得矣。宣、成、嘉靖，俱有名窑，仿造，间亦可用。次用真正回青，必拣圆整。”罗廪《茶解》也说：“瓯，以小为佳，不必求古，只宣、成、靖窑足矣。”明代中期以后，为了充分表现茶叶的青翠叶色、茶汤的色泽，文人们果断抛弃了前朝斗茶专用的兔毫盏，非常务实地首选白色瓷盏，作为最佳的饮茶器皿，且以小为贵。

明代茶瓯的以小为贵，其口径大约在 7 厘米 ~ 10 厘米之间，虽然也不算太小，但相比唐宋时期的茶瓯、茶盏口径，还是减少了 4 厘米左右。上文中的“回青”，是特指青花茶盏。此时的青花，尚未完全被明代文人接受。文震亨在《长物志》中，颇有见地地说：“至于永乐细款青花杯，成化五彩葡萄杯及纯白薄如玻璃者，今皆极贵，实不甚雅。”文震亨眼里的青花杯，是指受元代影响，装饰复杂、没有留白的青花酒杯。在崇尚意趣的明代文人眼里，器物的奢华、贵重与雅之间，并不存在多么密切的联系。雅，反映的是一个人的深厚学养、清逸的趣味、脱俗的审美等。高濂在《遵生八笺》也说：“欲试茶色贵白，岂容青花乱之。”由此可见，古代文人崇尚的清雅，是真正的风雅，他们是不会单凭器物的贵贱，来衡量茶器的使用价值与审美趣味的。

到了成化年间，产于江西乐平的青花料“平等青”，后来者居上，逐渐取代了依靠进口的“苏麻离青”。此类青花的发色，以温润淡雅见长，尤其是在成化斗彩中的表现，色泽清新，平淡疏朗中可见雅逸。我们熟悉的成化鸡缸杯，旷绝古今，精致且有笔墨情趣，属于斗彩中的登峰造极之作。所谓斗彩，又称逗彩，是指釉下青花和釉上色彩拼逗而成的彩色画面，明清文献中也叫“窑彩”，或是“青花间装五色”的称谓。

斗彩的做法，一般先用青花料，在白色泥胎上勾勒出所绘图案的轮廓线，施釉后高温烧制，这还只是半成品。其后再在瓷面上，按照图案不同部位的要求，分别填入不同的釉上彩色，再次入窑低温烧制而成。清中期的《南窑笔记》，详细记载了斗彩的制作工艺：“成、正、嘉、万，俱有斗彩、五彩、填彩三种。关于坯上用青料画花鸟半体，复入彩料，凑其全体，名曰斗彩；填彩者，青料双勾花鸟、人物之类于坯胎，成后复入彩炉填入五色，名曰填彩；其五彩，则素瓷纯用彩料填出者是也。”2017 年，在故宫博物院的成化瓷器专题展览中，就展出了几只斗彩鸡缸杯的青花半成品残件，从中能够洞悉斗彩的制作工序和工艺特点。

成化鸡缸杯，高 3.3 厘米，杯形较矮，宛转流畅，其卧足的特点，显然是受到了同时期金银酒器的影响。从其设计功能分析，鸡缸杯是款典型的酒杯，不太适合作为茶盏使用。明崇祯八年（1635）的刘侗、于奕正的《帝京景物略》记载：“成杯，茶贵于酒，采贵于青。其最者，斗鸡可口，谓之鸡缸。神庙、光宗，尚前窑器，成杯一双，值十万钱矣。”清初大收藏家高江邦的《成窑鸡缸歌注》，可以证实上述的推论。高江邦说：“成窑酒杯，种类甚多，皆描画精工，点色深浅，瓷质莹洁而坚。鸡缸上画牡丹，下有子母鸡，跃跃欲动。”乾隆时《陶说》也讲：“成窑以五彩为最，酒杯以鸡缸为最。”

明代，无论是压手杯还是鸡缸杯，都属于典型的酒杯，那个时代的王公贵族们，是不会用此来喝茶的。纵观饮茶器皿的发展史，从唐代的茶碗、茶瓯，到宋代的茶盏，直到在明代的茶书文献里，真正意义上的茶杯，才开始有了明确的记载。

杯的出现较早，古代主要为饮酒器，也见于盛水、盛流质的食物器皿等。《大戴礼记·曾子事父母》注：“杯，盘盎盆盏之总名也。”可见，酒杯的范畴里包含了酒盏。古人有“执觞觚杯豆而不醉”，王维有诗“劝君更尽一杯酒”，刘邦曾向项羽要求

明代成化鸡缸杯 美国大都会艺术博物馆藏

“幸分一杯羹”等等。中国是一个饮酒更甚的国度，酒的文化源远流长，根深叶茂。在唐代以前，酒器、茶器、食器一器多用，难分彼此。唐代以后，酒器的发展，逐渐开始影响到茶器的发展，尤其是元代高度蒸馏白酒的发明与推广，必然会促使酒杯的容量和形制趋于小巧化。到了明代，瀹饮法的出现和普及，使饮茶艺术更趋于精致化。明末，在闵汶水的首倡下，部分酒杯被直接拿来品茶，酒杯对茶盏的根本影响和彻底变革，至此才真正拉开帷幕。

古诗中写到茶杯的很少，南宋陆游诗云：“墨试小螺看斗砚，茶分细乳玩毫杯。”在明代的诗文里，茶杯也不多见，张以宁《题李文则画陆羽烹茶》诗：“阅罢茶经坐石苔，惠山新汲入瓷杯。”吴宽《爱茶歌》有：“堂中无事长煮茶，终日茶杯不离口。”文徵明也有“莫道客来无供设，一杯阳羡雨前茶”。诗人写诗讲究平仄、对仗、押韵，诗情虽然浪漫唯美，但对茶器的描述，还是不够严谨理性。从陆游的兔毫杯，到张以宁的瓷杯，都还属于较大的茶盏、茶瓯的范畴，与我们当今使用的小茶杯相比较，还是存在着很大的差别。

在中国历史上，第一部明确写到茶杯的茶书，是明代崇祯年间冯可宾的《岕茶笺》，其中写道：“茶杯，汝、官、哥、定如未可多得，则适意者为佳耳。”在此后问世的茶书里，再具体写到茶杯，基本是在明亡以后的清代了。闵汶水去世，大约是在

1645 年，《岕茶笺》的成书，可基本认定为 1642 年。“茶杯”一词，在这个特定的时间段突然出现，一定不是偶然的巧合，一定是受到了当代主流饮茶方式的影响。

品茗宜当含英咀华，杜绝牛饮，这势必要首先实现茶器的小型化，才能更佳地控制好茶与水的比例。为实现品茗的精准化，闵汶水首先提倡把酒杯当作茶杯使用，这对明末文人包括冯可宾的影响，必定是功不可没的。我在前文写过，张岱访闵汶水，被引至一室，见室内“明窗净几，荆溪壶、成宣窑瓷瓯十余种，皆精绝”。从中可知，闵汶水平时也收藏使用紫砂壶、成宣白色瓷瓯等，但在待客时，确如周亮工所见：“以小酒盏酌客，颇极烹饮态。”尽管周亮工自视甚高，鄙视使用小酒盏代替较大的茶瓯品茶，但这也恰恰反映了闵汶水作为一代茶道大家，敢为天下先的改革勇气与自信。其实，闵汶水也是在展现或暗示周亮工，技压群芳的闵茶，是更适合选用容量更小的小酒盏，来慢慢品饮的。先嗅其香，再试其味，徐徐咀嚼而体贴之，方可得茶的真味真香。由巨瓯大盏的粗犷牛饮，逐步细化为闵茶的细品慢啜，确实是中国饮茶史上一次品茗方式的重大革新。

张源力荐
壶泡法

茶饮发展到明代，已经成为文人生活的一个重要组成部分。文人细腻敏感，而又极度自尊。人生可落魄，清高不能丢。因“茶性俭”，“性洁不可污”，也只有茶，才最契合古代文人的内心与审美趋向。于是到了明代，以陆树声为代表的文人说：“煎茶非漫浪，要须其人与茶品相得。故其法每传于高流隐逸，有云霞泉石、磊块胸次间者。”《续茶经》引《紫桃轩杂缀》说：“精茶岂止当为俗客吝？”

明代部分文人，已经把茶彻底神圣化，品茶时，要求人品须与茶品相称，好茶不适于俗人饮用等等，论调百出。最好玩的是徐惟起，他在《茗谭》里写得很露骨：“饮茶，需择清癯韵士为侣，始与茶理相契。若腯汉肥伧，满身垢气，大损香味，不可与作缘。”许次纾在《茶疏》里也表达了同样的观点，却是含蓄多了，他写道：“唯素心同调，彼此畅适，清言雄辩，脱略形骸，始可呼童篝火，酌水点汤。”在他们的眼里，只有心素清瘦的韵

人，才配酌水点汤，似我等这般肥头大耳之人，都不配泡茶了，更何况是品茶呢？泡茶时，不可满身垢气、汗味，这是基本的卫生要求。除此以外，个人以为，清幽醒神、芳洌洗心的茶，还是被明代文人过度拔高了，有点高处不胜寒，严重脱离群众了。

我很欣赏布衣文人张源的饮茶观，他在《茶录》里说："饮茶以客少为贵，客众则喧，喧则雅趣乏矣。独啜曰幽，二客曰胜，三四曰趣，五六曰泛，七八曰施。"因地、因时、因人而制宜，才有利于茶文化的传播与发展。张源并没有把茶道玄虚化，也没有把茶搞得神乎其神。他说：茶应"造时精，藏时燥，泡时洁；精、燥、洁，茶道尽矣"。张公之论，对茶的表达言简意赅，是多么的朴实、浅显、易懂!

明代的泡茶方式，主要分为两种，一种类似我们现在的盖碗泡茶，即瓯盏撮泡法，如田艺蘅《煮泉小品》所言：“生晒茶瀹之瓯中，则枪旗舒畅，清翠鲜明，方为可爱。”另一种就是张源的壶泡法，他对于后世的紫砂壶泡茶与工夫茶的萌芽，起到了示范和指导作用。

张源《茶录》总结的壶泡法，主要包括：浴壶、投茶、注汤、涤盏、酾茶、品茶等程序。张源用茶瓢煮水，“探汤纯熟，便取起。先注少许壶中，祛荡冷气，倾出，然后投茶”。祛荡冷气，即是温壶，这是为了提高茶的香气。温壶之后投茶，其投茶量，视壶的容量大小斟酌而行，不可偏多或偏少，而失茶汤滋味的中正平和。

《茶录》认为：“投茶有序，毋失其宜。先茶后汤曰下投。汤半下茶，复以汤满，曰中投。先汤后茶曰上投。春秋中投，夏上投，冬下投。”张源泡茶前的投茶有序，综合考虑到了季节对水温的影响，考虑到了水温对不同嫩度茶类的影响，这无疑是精准科学、值得借鉴的。对于今天的发酵茶类，宜下投；嫩度高的绿茶，宜中投；侧重于欣赏的高等级绿茶，宜上投。

投茶时，若是茶量偏大，则泡出的茶“味苦香沉”；若投茶量小了，则泡出来的茶“色清气寡”。我们知道，投茶量的或多或少，都是不恰当的。茶壶连续泡过两巡之后，必须要用冷水荡

康熙铜胎珐琅菊花纹方壶 台北故宫博物院藏

涤，使其凉洁，然后继续泡茶，“不则减茶香矣。罐热则茶神不健，壶清则水性常灵。”茶壶的分酾出汤，不宜过早。若过早了，茶汤的色、香、味还未蕴育恰当，这即是张源所说：“酾不宜早，饮不宜迟。早则茶神未发，迟则妙馥先消。”其实，泡茶出汤的最佳时机，只有一刻，这就需要知器识茶，静气凝神，专注于茶汤色泽的微妙变化，把握住最佳的出汤时间和茶汤浓度即可。

张源泡茶的茶壶，属于锡制壶。他认为：“愚意银者宜贮朱楼华屋，若山斋茅舍，惟用锡瓢，亦无损于香、色、味也。但铜铁忌之。”张源在山中隐居，物质并不富足，银器虽好，对他而言却是奢侈品。锡壶温润而黯淡无光，古人有“若以锡为合，用而不侈”。锡器独有的这些特点，非常符合张源隐居的文人身份和文人情调。况且，纯净的锡器无不良气息，不像铁腥铜臭而有损茶的味道。不影响茶之色、香、味、形、韵的准确表达的泡茶器，才是一款真正合格的标准泡茶器。

张源的壶泡法，极大地影响了身后的文人。许次纾与张源都属于同时代的文人，而许次纾的经济条件要好很多，其父官至广西布政使，因此，许次纾认为，茶壶的材质应该首银次锡，这显然受到宋代茶注的影响。尽管如此，“茶注以不受他气者为良”的择器标准，对于他们则是高度一致的。许次纾《茶疏》说：“茶注宜小，不宜甚大。小则香气氤氲，大则易于散漫。大约及半升，是为适可。独自斟酌，愈小愈佳。容水半升者，量茶五分，其余以是增减。”从许次纾的泡茶经验推断，张源泡茶用的锡壶容量，大约应为 500 毫升。使用半升左右的茶壶泡茶，投茶五分（大约 1.87g），茶品两巡，符合明代多数文人的饮茶习惯。

许次纾的《茶疏》“饮啜”一条写道：“一壶之茶，只堪再巡。初巡鲜美，再则甘醇，三巡意欲尽矣。”“所以茶注欲小，小则再巡已终。”许次纾的品茶习惯与明代其他文人一样，茶境均会选择在精舍，云林，幽境，松月下，花鸟间，清流白云，竹里飘烟，人数控制在三人以内。若用 500 毫升的壶泡茶，一壶之茶，经两次分茶后，恰好沥尽壶中的茶汤。若依照陆羽《茶经》

的分茶标准，茶汤容量应占茶盏的五分之二为宜，照此计算的结果，宣、成、嘉靖瓯盏的口径，大致就在 10 厘米左右，这个结论与茶器的发展历程是高度吻合的。

清宫的《陈设档案》和《活计档案》，则明确记载了各类碗形器物的口径尺寸：茶钟口径在 10 厘米左右，茶碗约 11 厘米；吃饭的汤碗约 13.5 厘米，膳碗约 15 厘米，而各类器皿的高度，则无明显的差别。通过上述记载，也基本能够证实我对明清瓯盏口径设计的大概推测。

后辈还推时大彬

明代主流饮茶方式的改变，一瀹便啜，使茶壶一举成为重要的泡茶器，尤其是紫砂壶，古朴风雅，得幽野之趣，契合了明代文人的审美和闲雅的精神需要，极大地调动了文人参与制作和使用紫砂的积极性。当文人的韵致和情趣，渗透到造物之美以后，紫砂壶便成了文人案头寄情格物的雅玩。难怪有人说，紫砂壶本是热衷文化的艺人与风雅好茶的文人共同创造的，这个结论不无道理，二者缺一不可。

欲了解紫砂壶的缘起，需要仔细读读明末周高起的《阳羡茗壶系》，其中，有关于金沙寺僧的记载："金沙寺僧，久而逸其名矣。闻之陶家云，僧闲静有致，习与陶缸瓮者处。抟其细土，加以澄练，捏筑为胎，规而圆之，刳使中空，踵傅口柄盖的，附陶穴烧成，人遂传用。""抟其细土"，说明了当时的紫砂原料，是从大量的日用陶原料里、沉淀和自然水选出来的，这符合紫砂

静清和款朱泥壶

是蕴藏在陶土原料夹泥之中的科学实践。如果没有对甲泥（又叫夹泥）的大量挖掘和使用，紫砂泥料就不可能从山腹深处、岩层内数百米下的甲泥中，挖掘和分离出来，更不可能得到后世的发展和利用。

紫砂泥的烧成温度，是高于制陶原料甲泥的。金沙寺僧经常和制作陶缸的工匠们处在一起，他发现了淘练出来的紫砂泥的不同寻常，然后模仿工人做缸的工艺，手工成形了一把紫砂壶，与其他陶器混放在一起，在窑内烧成，供人煮茶使用。

周高起的记载，是符合陶瓷的发展规律的。宜兴古称阳羡，自唐以来就是阳羡贡茶的主要产地。隐居宜兴茗岭的唐代卢仝，曾有诗云："闻道新年入山里，蛰虫惊动春风起。天子须尝阳羡茶，百草不敢先开花。"宋代苏轼有诗："雪芽为我求阳羡，乳水君应饷惠山。"阳羡茶到明代依然入贡，明代袁宏道在评茶小品中指出："武夷茶有药味，龙井茶有豆味，而阳羡茶有金石味，够得上茶中上品。"袁宏道认为阳羡茶有金石味，大概指的是明末的茶之新贵、岕茶的气韵。周高起在《洞山岕茶系》描述岕茶："浑是冈露清虚之气，非草非木，稍具金石气。"宜兴不仅是著名的绿茶产地，有着久远浓厚的饮茶风尚，而且一直以来也是日用陶器的生产中心，其制陶历史，可上溯到六千年以前的新石器时代，历来就有"家家做坯，处处皆窑，遍地产陶"之说。古阳羡的饮茶氛围，刺激了对紫砂壶的消费需求。悠久而完善的制陶体系，为紫砂壶的创作、烧造，提供了良好的技术储备。当紫砂作为一个门类，从甲泥中单独剥离出来，叠加了江南文人爱茶、瀹茶的热情推动之后，此时的紫砂壶，才真正具备了批量生产的基本条件。

据周高起记载："供春，学宪吴颐山公青衣也。颐山读书金沙寺中，供春于给役之暇，窃仿老僧心匠，亦淘细土抟坯。茶匙穴中，指掠内外，指螺文隐起可按，胎必累按，故腹半尚现节腠，视以辨真。"供春是吴颐山的书童，吴颐山是明代正德年间的进士，曾任四川参政。供春闲暇时，用制陶沉淀的细土，模仿金沙寺僧做壶，经抟坯捏制，手指按掠壶壁内外，做成了第一把仿生树瘿茶壶，栗色暗暗，如古金铁，敦厚周正，极造型之美。为世所宝，视若拱璧。明末周容的《宜兴瓷壶记》也明确记载："今吴中较茶者，壶必宜兴瓷，云始万历间大朝山寺僧传供春者。供春者，吴氏小史也。"这些明代史料，所记为当代的身边事，应该是最为可信的。因此，金沙寺僧和供春，当仁不让就是紫砂壶的创始人。供春树瘿壶，是第一把有文字记载的紫砂壶。

受供春的影响，明代嘉靖到隆庆年间（1522 ~ 1572），制壶名匠有董翰、赵梁、时朋、和元畅四人，并称为"名壶四大家"。他们制作的紫砂壶，多以仿生花货居多。同期的名家还有李茂林，他善制小圆壶，精美朴雅，可与供春壶媲美。李茂林开创了紫砂壶的匣钵烧法，解决了紫砂壶与缸坛生活器皿共烧时壶面的火疵及掉釉挂泪的难题，提高了紫砂壶的品相和外观效果。

到了万历年间，时朋的儿子时大彬，扬弃了之前供春发明的斫木为模的制壶方式，把紫砂壶特有的“打身筒”“镶身筒”的成型模式规范化，创新了紫砂壶特有的泥片粘结成型技术，使独具特色的紫砂壶成型工艺，更加成熟和完美。片筑法的应用，开创了紫砂壶“方非一式，圆不一相”的新格局。明代的大部分茶书，多在万历前后编纂，这个历史阶段的文人饮茶，蔚然成风。他们追求简约淡雅、道法自然的文人精神，深刻地影响着紫砂壶的审美与走向。

“宜兴妙手数供春，后辈还推时大彬。”时大彬初学仿制供春壶，受供春影响，喜作大壶。江苏泰州出土的时大彬的早期壶，壶的容量可达 900 毫升左右。早期的大壶，胎质较粗，适于煮水和煮茶，不适合泡茶之用。后来，时大彬游历苏州、松江、太仓等地，受到了陈继儒、董其昌、王时敏、王鉴等文人大儒的指导和熏陶，开始考虑文人趣味，为品茶而制壶，其容量开始由大变小，大多控制在半升以下。从此，紫砂壶从普通的生活器皿，一跃升格为适于喝茶把玩的文人雅器。周高起在《阳羡茗壶系》写道：“时大彬，号少山，或淘土，或杂硇砂土，诸款具足，诸土色亦具足，不务妍媚，而朴雅紧栗，妙不可思。初自仿供春得手，喜作大壶。后游娄东闻陈眉公与琅琊太原诸公品茶施茶之论，乃作小壶，几案有一具，生人闲远之思，前后诸名家，并不能及。

时大彬紫砂壶 美国大都会艺术博物馆藏

遂于陶人标大雅之遗，擅空群之目矣。”大彬造器之风，影响了他的学生李仲芳和徐友泉，尤其是徐友泉。清吴梅鼎在《阳羡茗壶赋》中评价道：“若夫综古今而合度，极变化以从心，技而近乎道者，其友泉徐子乎。”徐友泉的制壶技术，已经技而近乎道，炉火纯青，但是，他在晚年谦虚地论及老师时大彬的作品时说：“吾之精，终不及时之粗。”清代傅山谈及书法时，也强调“宁拙毋巧，宁丑毋媚”的原则。徐友泉真是得道之人，一语道出了艺术境界的本质。可见，壮美比优美，更有厚度。砂粗质古肌理匀，以及拙朴有韵的原创性，才是紫砂艺术的最高境界，而非单纯着眼于紫砂壶做工的精与细。

文人泡茶
五色土

饮茶之妙，在于悦心和得趣。明代文人的自然简约、返璞归真，影响着明代的茶道精神趋向精致高雅、不事雕琢。时大彬深谙茶理及文人的内心需求，“供春斫木为模，时悟其法则又弃模”。于是，开始随手制作，手工成形，追求素面素心，而且作品多光素无纹，为的是尽显紫砂的色彩与质地之美，每于朴素见风流。壶小而文气，契合了文人的旨趣与审美，故明代许次纾《茶疏》说：“往时龚春茶壶，近日时彬所制，大为时人宝惜。盖皆以粗砂制之，正取砂无土气耳。”陈贞慧的《秋园杂佩》则说：“式古朴风雅，茗具中得幽野之趣者。”

从同时代的许次纾和陈贞慧的评价分析，紫砂壶宜茶，首先是粗砂制之，无土腥杂味，不影响茶的滋味、香气和气韵的表达；其次是紫砂壶质朴素雅，得幽野之趣，能够触动文人的内心深处，高流务以免俗也。明代文人对自然野趣的追求和饮茶的精致化，

静清和款 150ml朱泥壶

导致了明人饮茶择壶的以小为贵。究其原因，冯可宾在《岕茶笺》中写得很清楚，他说：“壶小则香不涣散，味不耽搁，况茶中香味，不先不后，只有一时。太早则未足，太迟则已过。的见得恰好，一泻而尽。化而裁之，存乎其人，施于他茶亦无不可。”壶小，容易把握茶水的比例，便于最佳出汤平衡点的判定。能够更准确地泡好一壶茶，使茶汤里的滋味、香气具足，不苦不涩，五味调和，也是现代健康品茶的基本要求。

明代的茶壶，以小为贵，其容量到底以多小为适宜呢？这需要具体问题具体分析，关键要看是一人独饮，还是二人得趣，或是三人得味？文徵明的曾孙文震亨在《长物志》中说：“壶以砂者为上，盖既不夺香，又无熟汤气。供春最贵，第形不雅，亦无差小者。时大彬所制又太小，若得受水半升而形制古洁者，取以注茶更为适用。其提梁、卧瓜、双桃、扇面、八棱细花、夹锡茶替、青花、白地诸俗式者，俱不可用。锡壶有赵良璧者亦佳。然而冬月间用，近时吴中归锡、嘉禾黄锡，价皆最高，然制小而俗，金银俱不入品。”文震亨选择茶器，以紫砂为上，是因为紫砂作为陶器，泡茶时不影响茶的香气与滋味。他不太喜欢张源推崇的锡壶，那是因为市场上的锡器小而俗，和金银器一样过于耀眼刺目，不适合清供。他认为供春的壶偏大，花哨而不素雅，而时大彬的又太小，泡茶的壶，以容量半升且古朴素雅者为最佳。从文震亨的喜好，能够得出结论，他所能见到的时大彬紫砂壶的容量，应该多在半升以下，以小壶为主。但从徐熊飞诗张廷济题跋可知，大彬壶也有略多于半升的。其诗云：“少山方茗壶，其实强半升。名陶出天秀，止水涵春冰。”从文震亨的择壶标准能够窥见，明代中后期文人壶的容量大小与泡茶习惯。

罗廪，与闻龙、屠隆、屠本畯，都是明末浙江宁波资深的文人兼茶人。他曾隐居山中种茶、制茶，亲力亲为，对茶的品评，是有一定发言权的。罗廪在《茶解》中说：茶注，“以时大彬手制粗砂烧缸色者为妙，其次锡”。许次纾也是如此，每年春茶开采，他都要从杭州带着茶器，赶到老友姚绍宪的顾渚山明月峡的茶园，亲自制茶、鉴茶、品茶，是明代最有代表性的知行合一的茶人。他在《茶疏》中说：“茶注，宜小不宜甚大。小则香气氤氲，大则易于散漫。大约及半升，是为适可。独自斟酌，愈小愈佳。”许次纾的择壶观，包括《茶疏》一文，言简意赅，字字珠玑，皆是经验之谈、真知灼见。文震亨认为，大彬壶的容量过小，可能与他很少独饮，更喜欢和三五知己共饮的品茗习惯有关。冒襄的观点与许次纾是一致的，他在《岕茶汇钞》中说：“茶壶以小为贵。每一客一壶，任独斟饮，方得茶趣。”冒襄和董小宛，文火细烟，小鼎长泉，每花前月下，静试对尝岕茶，碧沉香泛，最钟爱的一定是小容量的壶。

从许次纾《茶疏》的“秤量”一章，可以看出，他是习惯用半升的壶泡茶的。其文曰：“容水半升者，量茶五分，其余以是

静清和款 100ml朱泥小壶

增减。”明代的半升，与现在基本相同，大约在500毫升。量茶五分，即投茶量在2克左右。古人泡茶没有匀杯，茶叶与水是无法完全分离的，类似我们现在的留根泡法。因此，许次纾说：“一壶之茶，只堪再巡。”“若巨器屡巡，满中泻饮，待停少温，或求浓苦，何异农匠作劳。但需涓滴，何论品尝，何知风味乎。”若是壶太大，或是茶叶在茶汤中的浸泡时间过长，必然会造成茶汤的浓度过高，其滋味苦涩不堪，从而会影响到品饮的愉悦感。纵观我们今天的泡茶，投茶量是数倍于古人的，幸好今天有了匀杯，可以及时出汤，使茶水尽快分离，否则也会苦不堪饮。可见，许次纾是反对用大壶泡茶的。他继续说：“所以茶注欲小，小则再巡已终。”一壶茶出汤两次后，就寡淡无味了，茶叶中即使还有点余芬剩馥，也不值得再品了。

苦寒伤胃，深谙医理的许次纾说：“茶宜常饮，不宜多饮。常饮则心肺清凉，烦郁顿释。多饮则微伤脾肾，或泄或寒。盖脾土原润，肾又水乡，宜燥宜温，多或非利也。古人饮水饮汤，后人始易以茶，即饮汤之意。但令色香味备，意已独至，何必过多，反失清洌乎。且茶叶过多，亦损脾肾，与过饮同病。俗人知戒多饮，而不知慎多费，余故备论之。”许次纾的饮茶观，颇有见地。饮茶只要色、香、味具足了，茶的意韵便会独至。茶浓香短，如果茶汤过浓，滋味苦涩，反而失去了饮茶的清冽和韵致，这不是品茶，也不文人做派，而是农匠作劳。万物之毒，皆生于浓，在古人的智慧里，满满的都是善意的告诫和规劝。

明代后期的文人，除了徐㶿、屠隆推崇景德镇的瓷壶，其余的大部分人是倾向于紫砂壶的。徐㶿说："注茶莫美于饶州瓷瓯。"这又是为什么呢？

首先，明代中后期，大部分的重要文人，主要生活在江浙一带，尤其是在苏州。近水楼台先得月，他们熟悉紫砂壶，同时也深刻地影响着紫砂壶的发展，有着足够的话语权。

其次，紫砂壶质朴无华的材质，温润内敛，有幽野之趣，符合了文人的审美，满足了他们追求自然、精致、闲雅的精神需要。

第三，紫砂壶以不受它气为良，如周高起《阳羡茗壶系》所论："旋瀹旋啜，以尽色香味之蕴。"又如许次纾所讲："盖皆宜粗砂制之，正取砂无土气耳。"文人们喜欢用紫砂壶泡茶，是因为当时的紫砂壶的吸水率低，不吸附茶的香气，没有土腥杂味，不影响茶的香气、滋味的客观表达。

历史的重复，是人性不变使然。许次纾在明代，已经把紫砂壶存在的诸多问题讲得很清楚了。他说：一把好的紫砂壶，"顾烧时必须火力极足，方可出窑。"若是烧得火候不足的，"如以生砂注水，土气满鼻，不中用也"。若是温度烧过了，则"壶又多碎坏者"，无形便增加了紫砂壶的烧造成本。

从这个层面来讲，今天我们强调的"一把紫砂壶只能泡一种茶"的观点，就是不恰当的。凡是强调此丑陋观点的人，其所持的紫砂壶，必定是烧结温度不够、结构疏松或未烧透的。因为，一把烧结温度到位的紫砂壶，壶体致密度高，不应当吸附茶的香气，这也恰恰是屠隆推崇瓷壶的主要原因。屠隆在《考槃馀事》说："瓷石有足取焉。瓷瓶不夺茶气，幽人逸士，品色最宜。"文中的"茶气"，古人指的是茶的香气和滋味。的确如此，白瓷是最宜品赏茶色的。若是同一把紫砂壶，不能连续泡两种茶或多种茶类，恰恰说明了这把紫砂壶，是吸附茶的香气的，这样的壶往往烧结温度较低，壶体结构疏松。低温烧结的紫砂壶，不但不适合泡茶，甚至还会影响人的健康。

南京马家山油坊桥出土的吴经提梁壶

近代很多专业人士或紫砂艺人，缺乏追根溯源的深究精神，在美化紫砂壶的宜茶功能时，都在人云亦云，一味强调紫砂壶的透气性，这种观点未免失之偏颇，甚至是错误的。紫砂属于陶器，烧结温度多在1100℃～1200℃。因为陶器烧结温度低，属于不完全烧结状态，致密度不像瓷器那样，所以，透气性是陶器的共有特征，而不是紫砂茶器独具的特点。透气性好，必定会造成器壁的吸水率与吸附率过高，必然会吸附茶的香气，减弱或影响着茶的香气和滋味的准确表达。另外，把“过夜茶不馊”作为例证，来刻意强调紫砂壶的透气性，是一叶障目，是低级趣味。如果细读周高起的《阳羡茗壶系》，就会发现，周高起对那些所谓“谓时壶质地坚结”，便认为“注茶越宿、暑月不馊”的观点，一律斥之为“乃俗夫强作解事”。周高起为此还特别强调，茶器应随用随涤，保持洁净，对喝完茶后，不及时清理紫砂壶内茶水与茶滓的行为，鄙视为是不可救药、俗不可医。因为他说：“不知越数刻而茶败矣，安俟越宿哉。”

如果再仔细推敲一下，紫砂壶的壶嘴与外界是直接连通着的，单单是壶嘴的通气率，是不是要大过壶体的透气性千倍乃至万倍之多呢？古人在泡茶时，即使是在连续瀹泡的两种不同茶类的更迭间隙，也必须用清洁冷水荡涤壶体，使壶保持洁净，更不可能让茶叶在壶中过夜的。仅这一点，古人要比我们讲究很多。一把用完不及时清理、不及时晾干的紫砂壶，夏季容易滋生霉菌，产生异味。由此可见，那些宣扬紫砂壶能够储味、留香的观点，又是何等的幼稚可笑！另外，茶的幽微的自然香气，都是挥发性的，紫砂壶能够残留的，基本都是清理不及时产生的异味、杂味，甚至吸附的都是不溶于水的色素、农残等物质。

紫泥红泥与团泥

张岱眼中的闵老子茶室，“明窗净几，荆溪壶、成宣窑瓷瓯十余种，皆精绝”。张岱乃世家子弟，曾锦衣玉食，能入他法眼的精绝之物，绝不会是凡品俗物。其中的荆溪壶，就是我们常讲的紫砂壶。

明代书画大家徐渭有诗：“青箬旧封题谷雨，紫砂新罐买宜兴。”诗中的“紫砂新罐”，指的是紫砂壶。张岱也习惯称紫砂壶为宜兴罐，他在《陶庵梦忆》写道：“宜兴罐，以龚春为上，时大彬次之。”徐渭去宜兴买紫砂壶的原因，就是为了瀹泡名闻天下的虎丘绿茶。他在《某伯子惠虎丘春茗谢之》首句写道：“虎丘春茗妙烘蒸，七碗何愁不上升。”仅仅这段明确的记载，就可击破当下很多人认为“紫砂壶不能泡绿茶”的谎言。如果熟悉这段历史，就会明白，在紫砂壶诞生的明朝正德年间，除了白茶、绿茶之外，其他茶类还没有明确出现呢。尤其是在江浙，它们本是著名的绿茶主产区，紫砂壶就是为了瀹泡绿茶而诞生的专用茶

静清和款 100ml朱泥壶

器。读史使人明智，信口开河就讲紫砂壶不能泡绿茶，又是多么的荒诞无稽！

凝土以为器，紫砂本是从烧造粗陶的夹泥中挑选出来的矿化度较高的砂料。砂是质，紫是色，砂是壶的骨架。壶面砂粒肌理丰富，结构致密，吸水率低，不吸附茶的香气，质感柔润而又色彩含蓄的紫砂壶，才是我们需要的泡茶良器。

紫砂矿料是含有较多铁质、经过地质沉积岩化的、具有晶相砂性的陶土。这个定义，决定了紫砂矿料不同于一般的陶泥，这也是好的砂料不能拉坯、不能灌浆制作紫砂壶的主要原因。紫砂

静清和款 110ml朱泥梨形壶

矿料的含砂量越高，泥性就会越低，经过一定温度烧结后，壶的色泽才会凝重沉稳，其致密度和玻化程度才能较高，吸水率才能保持在较低的水平，利于茶的滋味、香气的客观表达，故文震亨说："壶以砂者为上。"许次纾"盖皆以粗砂制之，正取砂无土气耳"的观点，极其准确地表达出了紫砂壶的真正内涵，这对我们如何正确地去选择紫砂、认知紫砂，起到了拨乱反正、以正视听的作用。

紫砂属于粉砂质沉积岩，按照外观与烧成的呈色，大概可分为紫泥、红泥、绿泥、团泥四大类别。

紫泥，古时又称青泥，是含铁量最高的泥料。砂料的含铁量越高，烧出的紫砂壶颜色就会越深，同时也会在壶面产生黑色的铁熔点。壶面上一定量的铁熔点的存在，恰恰也证实了砂料的天然性、纯粹性与烧结温度的到位程度。

红泥，是以烧成后按其呈色命名的紫砂类，它包括含砂量较高的红泥和质地细腻的朱泥两类。朱泥原料的泥性重而砂性较弱，故收缩变形率高，较难烧制。朱泥的成品壶，多会红中泛黄而有皱纹，其色泽也会因含铁量的高低而略有差异，故原矿朱泥的“无朱不皱”，是科学依据的。

绿泥，也称本山绿泥，是含砂量较高的外观呈绿色的矿料。团泥，又称段泥，“团”和“段”在宜兴当地方言里同音，故混用至今。所谓团泥，即是紫泥和本山绿泥的天然共生泥料。本山绿泥的含铁量最低，故烧成后壶体色泽偏浅。

在紫砂的烧制过程中，600℃ ~ 1050℃的温度区间，是氧化铁、氧化锰等着色氧化物的呈色阶段，其后的温度区间，往往烧结温度相差 10℃，紫砂壶的色泽可能会不尽相同。同一把紫砂壶，在不同的烧结温度下，可能会呈现出黄、橙、褐、红等不同的颜色。烧结温度越高，颜色就会越深沉凝重。紫砂壶烧成的色泽，主要取决于砂料中含铁量的多寡。至于一把紫砂壶的烧结温度，究竟以多高为佳？这主要取决于创作者对紫砂壶的质地、烧成率和色彩的要求而论。但从健康的角度考虑，紫砂壶的烧结温

清代乾隆紫砂漆雕壶 台北故宫博物院藏

度，不应低于 1100℃。

尽管如此，一把未经使用的紫砂壶的色泽，应该是低沉含蓄、不艳不扬，有黯然之光才对。如果色泽过于鲜艳，砂料中可能添加了性质稳定的金属氧化物，其添加量按照规定，不宜超过千分之五。添加了呈色剂的壶，一定要高温烧透，否则就会有害健康。众所周知，泥料供应商，在批量配制紫砂泥料的过程中，一定会在泥料中加入适量的碳酸钡作为防霉斑剂，以转化对制坯不利的游离硫酸盐，减轻壶面烧成后的色差。如果碳酸钡稍稍过量，就会造成碳酸钡的残留，这是最令人担心的。因此，低温烧制的紫砂壶，可能会存在微量的毒性很强的碳酸钡超标的可能。碳酸钡虽然不溶于水，但茶汤是偏酸性的，还是存在着溶于酸性茶汤的可能性。诸如此类的紫砂壶，若长期使用，可能会造成人体的慢性中毒，对健康的危害巨大。市场上花花绿绿、来历不明的廉价壶，一定要引起我们的高度警惕。如果没有把握去选择一把健康的紫砂壶，倒不如用瓷壶或盖碗泡茶更让人放心。

好的紫砂料，需要精心炼制，二者相得益彰。获得陈腐良好的熟料，是紫砂工艺制作的第一步。市场上很多制作紫砂壶的泥料，多为过去制作粗陶的夹泥，如果配比一定的砂粒和金属着色材料，通过烧制也可以获得紫砂的烧制效果，究其本质，这类紫砂壶，已不是传统紫砂器的概念了。这也是当今紫砂壶胎质疏松、吸水率高、吸附茶的香气的重要原因。所以，很多人谬说“一壶不能泡二茶”，以致以讹传讹，众说纷纭，但很少有人去质疑，去独立思考这究竟是为什么？更令人担忧的是，泥料工业化发展的后果，是壶工早已不识泥料为何物，此状并不奇怪。

现代的机械化练泥，会造成泥砂颗粒的单一性，其颗粒尺寸多在 0.15 毫米左右，如此制作出的紫砂壶，降低了壶表面颗粒的丰富性与层次美感。缺少了材质之美的紫砂壶，无疑是个重大缺憾。《考工记》说：“天有时，地有气，材有美，工有巧，合此四者，然后可以为良。”手工练泥的颗粒尺寸，多在 0.3 ~ 0.5 毫米，团粒粗细不一，以此烧成的壶表面，自然天成的珠粒隐隐，银沙闪点，粗而不糙，拙朴可爱。

这类手工练泥的紫砂壶，可能存在着卖相不佳的爆点，或黑色的铁熔点，很多人视之为缺陷，但对懂壶之人，这并不影响其耐人寻味的细节之美。具足了材质美的紫砂，需要容得下高温烧造可能形成的瑕疵。如果没有瑕疵，很难证明一把紫砂壶，能够烧到健康和泡茶所需的足够高的温度。烧到一定结晶度的紫砂壶，壶表层的粉料与砂质颗粒，在半熔融状态下，因其体积悬殊，才会收缩不一，才会形成颗粒起伏有致的橘皮状的肌理质感。清水出芙蓉，天然去雕饰。紫玉金砂，可以为良器，紫砂这种自然生

清代紫砂壶

动的天然美感，仅仅靠表面铺砂、调砂的装饰手法，是难以淋漓尽致地去表现的。

在紫砂壶的制作过程中，壶体表面大小不等的粗颗粒，在反复的明针抚平碾压下，形成了结构致密的细腻表层。古人形容明针的作用，“脱手则光能照面，出冶则姿比凝铜。”紫砂壶迷人的肌理效果，是明针后的砂粒，在烧结过程中没有完全融化形成的起伏颗粒，光而不亮，含蓄温润。紫砂含蓄的哑光，是一种暖色调，令人产生舒适可亲的触摸感与亲近感；相对于紫砂，新瓷器的玻璃光是冷色调，明亮光滑的表面，有远人的冰冷感。紫砂壶温润的良好把玩特性及呈现出的幽野之气，才是历代文人偏爱、厚爱紫砂的最重要的原因。并非是泡茶会比瓷器更客观、更好喝。

周高起《阳羡茗壶系》说：“壶入用久，涤拭日加，自发暗然之光，入手可鉴，此为书房雅供。”周高起之说，被奉为后世养壶的理论圭臬。一把砂料纯正、烧结到位的紫砂壶，多少都会有点色差或瑕疵，这是无法克服、需要包容的天然之美。一把美壶，经过长期的泡养，反复的拭擦，茶汤中的酸、碱性物质，会改善壶体表面的折光度，其表面质地会日趋温润和雅致。温润如玉，反映了壶体的致密度与恰当的烧结温度。一把低温烧结的壶，若用久了，如果壶表面会泛出不雅的黑色，或越养越黑，究其原因，可能是疏松的壶体，吸收了茶汤色素而产生了斑痕所致，其道理与低温的陶瓷茶器易挂茶垢如出一辙。一把良好健康的紫砂壶，会越用越美，令人爱不释手。寓物寄情，紫砂壶通过使用，产生的质地变化之美，蕴含着人与茶器的互动和惺惺相惜，这种借人气而相互滋养的亲切体验，是饮茶之外产生的审美上的象外之旨、味外之味，这种幽然之美往往是最令人怦然心动的。

清代名茶
各有味

明代末年，瘟疫旱灾祸不单行，清军入关，崇祯皇帝吊死，城头变幻大王旗，历史上第二个少数民族政权清朝建立。

清代茶的发展，沿袭继承了明代的成果，虽然彼此之间的代际并不清晰，但是，清代可谓百花齐放，绿茶种类繁多，红茶遍地开花，黄茶趋于成熟，乌龙茶开始诞生，白茶、黑茶、茉莉花茶的产量空前增加，一派欣欣向荣。过于熟悉的东西，很难产生诗情。适当的距离，才能产生别致的美。因此，清代的诗人，很少会对其中的某一种茶兴奋、大赞或者讴歌，这种对茶的平静自如，恰恰证明了清代茶类的成熟、茶品的丰富程度。茶蜕去了神圣的外衣，作为一种健康饮品，已经渗透扩散到寻常百姓家。

清代是满族统治的国家，少数民族自唐以来始终保留着煮饮粗茶的习惯，清代的开国皇帝也不例外，他们把喝边销茶的传统和习俗，由关外带到了北京。既然雄霸天下、贵为皇族了，喝茶

就要高端大气上档次。当雍正皇帝把普洱茶列为贡茶以后，普洱茶的贡茶，便改旗易帜，由过去的粗老茶青变为细茶嫩茗了。清代阮福的《普洱茶记》写道："每年备贡者，五斤重团茶，三斤重团茶，一斤重团茶，四两重团茶，一两五钱重团茶，又瓶装芽茶、蕊茶，匣盛茶膏，共八色，思茅同知领银承办。""于二月间采蕊极细而白，谓之毛尖，已作贡，贡后方许民间贩卖。采而蒸之，揉为团饼。其叶之少放而犹嫩者，名芽茶。"从阮福的上述记载可以看出，清代普洱茶的贡茶、各色团茶，还是基本继承了唐代粗老蒸青绿茶的工艺。瓶装密封的芽茶、蕊茶，自然就是炒青绿茶或晒青茶。而普通百姓能够喝到的普洱茶，仍是唐宋以来，出自商贩之手的轻微发酵的粗茶，又称改造茶。阮福写道："其入商贩之手，而外细内粗者，名改造茶。"其改造茶，详见《茶路无尽》普洱茶一章，有专题论述。

对于入贡的蕊茶和芽茶，根据乾隆年间张泓《滇南新语》的记载，蕊茶的嫩度是高于芽茶的，且蕊茶，"味淡香如荷，新色嫩绿可爱。"由此可以推断，当时的嫩度较高的蕊茶，可能属于阳光下直接摊干的白毛尖茶。扬州八怪之一的汪士慎，曾有诗《普洱蕊茶》云："客遗南中茶，封裹银瓶小。产从蛮洞深，入贡犹矜少。"

杭州龙井茶在明代中期，已声名鹊起。明代弘治年间，礼部尚书徐宽的《谢朱懋恭同年寄龙井茶》诗云："谏议书来印不斜，但惊入手是春芽。惜无一斛虎丘水，煮尽二斤龙井茶。顾渚品高知已退，建溪名重恐难加。饮余为此留诗在，风味依然在齿牙。”这是我读到的关于龙井茶的最早茶诗。元代的虞集，虽然也有《次邓文原游龙井》诗：“徘徊龙井上，云气起晴昼”，“烹煎黄金芽，不取谷雨后”，但是，他们“三咽不忍漱”的还是“黄金芽”，此时还没有龙井茶的确切命名。其后，徐渭有诗：“杭客矜龙井，苏州伐虎丘。”龙井茶在明代慢慢崭露头角，并成为天下至美，直到今日。

明末文震亨《长物志》说：“品之最优者，以沉香、岕茶为首。第焚煮有法，必贞夫韵士，乃能究心耳。”岕茶到了清中晚期，几乎销声匿迹了，其原因不得而知，大概与江南文人的疏远以及西湖龙井、碧螺春的崛起有关。

“奇茗一啜惊欲死”，是清代朱筠咏真娘墓的诗，描述的是碧螺春细腻特殊的花果香气。制作碧螺春的小青茶，其采摘以精细鲜嫩闻名。郭麐《灵芬馆诗话》记载：“洞庭产茶，名碧螺春，色香味不减龙井，而鲜嫩过之。”这个评价是恰当的，碧螺春茶青的采摘标准，为一芽一叶初展。它一斤干茶的含芽量，在六万个左右，而西湖龙井则在四万个左右。从中也能概算出二者单粒茶芽大小的悬殊。

碧螺春极盛于清晚期，这是继苏州虎丘茶之后的又一个天下第一。龚自珍在《会稽茶》诗序中写道：“茶以洞庭山碧螺春为天下第一，古人未知也。”碧螺春香气袭人，在清代属于奢侈品，满族文人震钧曾做过江都知县，距离苏州不远，他在《天咫偶闻》中叹息，作为嗜茶之人，竟然没有机会尝到碧螺春，是碧螺春产量太少、太过珍贵，还是震钧过于清廉？我们不好再去考证。晚清著名国学大师俞樾，也不无感叹地说：“余寓苏久，数有以馈者，然佳者亦不易得。屠君石巨，居山中，以《隐梅庵图》属题，饷一小瓶，色味香俱清绝。余携至诂经精舍，汲西湖水瀹碧螺春，叹曰：‘穷措大口福，被此折尽矣！’”俞樾在杭州以西湖水瀹泡碧螺春，感觉人生的口福被一次折尽了，可见，碧螺春在清代

西湖龙井群体种茶园

苏州西山碧螺春茶树

的珍贵与不易得。其实就在今天，上好纯正的明前碧螺春，产量也是极少，每年我仅得数十斤可以分享。

碧螺春以原产地碧螺峰而命名，是理所当然之事，如虎丘茶，也是因虎丘而得名。关于茶商盛传康熙赐名碧螺春一说，明显是错误的，对此，我在《茶路无尽》碧螺春一章，已做过系统梳理。陆廷灿《续茶经》引《随见录》也说："洞庭山有茶，微似岕而细，味甚甘香。俗呼为'吓煞人'，产碧螺峰者尤佳，名碧螺春。"《随见录》虽然原书佚失，作者不详，但成书年代早于康熙南巡，这是毋庸置疑的。

碧螺春条索纤细，卷曲似螺，银绿隐翠，乳花馥郁，是外观与名字高度契合、最富诗意的高端绿茶之一。清代诗人陈康祺，赞美其名物合一有诗曰："从来隽物有嘉名，物以名传愈自珍。梅盛每称香雪海，茶尖争说碧螺春。"

许次纾《茶疏》说："天下名山，必产灵草，江南地暖，故独宜茶。大江以北，则称六安。"六安茶之所以在明初成为贡茶，与明代茶法的改革有关。陈光贻在《稀见地方志提要》记载："明初名茶以百数，致贡者仅十余，而太祖独重六安，以顾渚上品，则为焚荐，由是六安茶遂名天下。" 六安贡茶，自明初至清朝咸丰年间贡茶制度终结，历经两朝共近五百余年。

六安茶，在唐代素有"庐州六安"之称。明正德初年，陈霆被贬为六安州判官，他在《两山墨谈》写道："六安茶为天下第一。有司包贡之余，例馈权贵与朝士之故旧者。”嘉靖年间，给事中汪应珍对此记载说：“日进月进御用之茶，酱房、内阁所用之茶，俱是六安。其不足则用常州茶等。”到了清代，康熙名臣张英在《聪训斋语》说：“予少年嗜六安茶，中年饮武夷而甘，后乃知岕茶之妙。此三种茶可以终老，其他不必问矣。岕茶为名士，武夷为高士，六安为野士，皆可为岁寒之交。六安尤养脾，食饱最宜。”张英是清代重臣张廷玉的父亲，他很清楚六安茶多为中叶种茶树，比江南的茶要味厚性烈，所以他认为六安茶适宜

六安茶山一瞥

身强力壮的青少年饮用，这也是《红楼梦》中贾母不饮六安茶的重要原因。明清推崇六安茶的药用，其消融积滞，蠲除沉疴，通利肠胃，是相对于茶多酚、咖啡碱含量较低的江南小叶种茶类而言的。

清代是中国红茶蓬勃发展、百花齐放的时代。据《清代通史》记载："明末崇祯十三年红茶（有工夫茶、武夷茶、小种茶、白毫等）始由荷兰转至英伦。"文中的"白毫"，是指红茶类的芯芽，而非白毫银针。正山小种红茶出口欧洲，带动的巨大的红茶需求，刺激了桐木关包括周边红茶的兴起，如闽红、英红、湖红、宁红、祁红等。宁红的制茶技术，在清代又影响了祁红的发展。宜红、湖红的诞生，均是在粤商的购销推动下形成的，时间大约在道光前后。

鸦片战争以后，英国的殖民地印度、斯里兰卡，开始种植和制作红茶，欧美列强刻意打压出口市场，导致世界茶价巨幅下降，加之国内朝政腐败，战祸频起，经济萧条，技术落后，民不聊生，茶园荒芜等因素使我国的红茶发展，由此进入了长期的萧条萎缩期，外销市场濒临绝境。到了 1900 年，印度的机制茶，逐渐取代了中国茶的霸主地位，一跃成为世界上最大的茶叶出口国。

滇红的诞生较晚。1937 年卢沟桥事变之后，国民政府为保证战事经费的开支与补给，急需在非沦陷地开辟新的茶叶出口产区，以供应国际红茶市场，换取外汇支撑抗战，这便催生了滇红的兴

桐木关正山小种红茶的汤色

起。1939 年初，冯绍裘受命筹建云南凤庆茶厂，首次成功试制生产了 16.7 吨工夫滇红，经香港运销伦敦市场，质超印度、锡兰的大叶种红茶，创造了国际红茶市场的价格新高。

清末，中国辉煌的红茶出口市场，被印度、斯里兰卡挤占之后，造成国内红茶市场的极度萎缩，这就为独辟蹊径的白茶交易，打开了市场空间。1919 年的《政和县志》证实了这一点，据此记载："清咸同年间（1851 ~ 1874）草茶最盛，均制红茶，以销外洋。嗣后逐渐衰落，邑人改植大白茶。"又有，"茶有种类名称凡七：曰银针，即大白茶芽；曰红茶；曰绿茶；曰乌龙茶；

曰白尾；曰小种；曰工夫。皆以制造后而得名，业此者有厂、户、行、栈。”有确切的资料认为，福建政和县在光绪十五年（1889），开始制作银针。福鼎县相传在光绪十一年制作银针，但其外销，却是光绪十六年的事情。无论是政和、福鼎，还是银针制作（同治年间）更早的江西，当时制作白茶的目的，都是为了出口国外，弥补红茶滞销形成的真空，而非内销。可见，白茶类中的白毫银针，大概形成于清代，而白茶的制作技术却是源远流长，可能传承于远古时期，也可能是明代江浙制茶技术的滥觞。

松萝影响
武夷茶

谈起武夷山区产茶的历史，民国崇安学者衷干的《武夷茶市杂咏》诗云："如将历史从头数，请向长安问可之。"这里的"可之"，是唐元和年间的孙樵，他在《送茶与焦刑部书》写道："晚甘侯十五，遣侍斋阁。此徒皆乘雷而摘，拜水而和。盖建阳碧水丹山之乡，月涧云龛之品，慎勿贱用之。"清朝人蒋蘅受此启发，并用典"谁谓荼苦，其甘如荠"，写下了《晚甘侯传》一文。自此，"晚甘侯"遂成为武夷岩茶最早的代名词。

清初，著名的武夷寺僧释超全，在其《武夷茶歌》写道："景泰年间茶久荒，嗣后岩茶亦渐生。"周亮工在《闽小记》记载，明嘉靖三十六年（1557），建宁太守钱嵘因本山茶枯，遂罢茶场，御茶改贡延平。其原因在于苛捐杂税不堪重负，茶农"遍采春芽三日内"，摧残了茶树的生长；"搜尽深山粟粒空"之后，茶园被毁。"黄冠苦于追呼，尽斫所种，武夷真茶久绝矣。"这

武夷山牛栏坑的真岩肉桂茶树

说明武夷山的茶况，从景泰年间茶久荒，至嘉靖三十六年仍没有改观。在“茶久荒”的年代，不堪催贡重负的武夷山民“尽砍真茶”，造成茶枯园荒。那么“嗣后岩茶亦渐生”，大约是在什么时期呢？

据明万历徐惟起的《茶考》记载：“嘉靖中，郡守钱嵘奏免解茶，将岁编茶夫银二百两解府，造办解京御茶改贡延平。而茶园鞠成茂草，井水亦日湮塞。然山中土气宜茶，环九曲之内，不下数百家，皆以种茶为业，岁所产数十万斤，水浮陆转，鬻之四方，而武夷之名，甲于海内矣。宋元制造团饼，稍失真味，今则灵芽仙萼，香色尤清，为闽中第一。”从嘉靖到万历，不过数十年，武夷茶为什么又能香色尤清、“甲于海内矣”？这是因为御茶改贡南平之后，郭子章上奏革除进贡的种种弊端，武夷茶树有了难得的休养生息机会，武夷茶农始能从各级官吏的层层盘削之中解脱出来，使种茶和制茶终于有了一点利润。“山中藉此少为利”，讲的就是这段历史。从此，武夷山民种茶的积极性得到鼓舞和焕发，致使茶叶的茶量和质量，有了大幅度的提高，武夷山区逐步进入了欣欣向荣的茶的时代。“不团小凤不团龙，细色如今免上供。见说田家愁水旱，如充茶户莫为农。”查慎行的这首茶诗，见证了武夷茶农这一段的重要历史转机。

明代洪武二十四年，朱元璋罢造龙团，武夷茶由蒸青团茶改为蒸青芽茶入贡。蒸青散茶的束缚，使武夷茶一直裹足不前。因世人“弗知炒焙揉挼之法”，故松萝制茶法，名噪明清两代。在松萝茶的发明人大方“僧即还俗”之后，能发扬光大松萝茶的，莫过于金陵桃叶渡的闵汶水了。闵汶水的松萝茶，究竟有多么大的吸引力呢？我们从清代名士陈允衡的亲身体验，可以窥见一斑。他在《花乳斋茶品》写道：“余从癸未栖迟江左，每岁假鹫峰禅榻，作累月留连，密迩海阳闵氏花乳斋，交际行最久。每相遇啜茗，辄移日忘归，欣赏之余，因悉闵茶名垂五十年。尊人汶水隐君别裁新制，曲尽旗枪之妙，与俗手迥异。”陈允衡也算是超级茶痴了，每年为了能及时喝到新的闵茶，他就借住到距离花乳斋

从六安瓜片的烘焙，可以寻觅到古时松萝茶的烘焙模样

较近的寺庙里，从早喝到晚，虽百碗而不厌，累月流连，以致忘归。晚清学者俞樾，因出生较晚，以未能品尝到闵茶而深为遗憾。上述两个例证，能够见证闵制松萝茶的技术高超和影响力之巨。

南京闵汶水精制的松萝茶名甲天下，而明末的武夷茶，衰败到被金陵的好茶者讥讽为“尝诮闽无茶”。福建布政使周亮工《闽小记》的记载，能够证实这一点。他在其中写道：“前朝不贵闽茶，即贡者亦只备宫中浣濯瓯盏之需。”武夷茶曾名冠天下，为何会沦落到充当洗涤剂的窘境呢？明代吴拭在《武夷杂记》写道：“盖缘山中不晓制焙法，一味计多拘利之过也。”周亮工在记述当时的武夷茶制法时，也说：“武夷岁崱、紫帽、笼山皆产茶。僧拙于焙，既采则先蒸而后焙，故色多紫赤，只堪供宫中浣濯用耳！”继而周亮工又感慨说：“闽茶不让吴越，但烘焙不得法耳。”从上述记载可以看出，武夷茶被当作洗涤剂的主要原因，不是茶之内质弱于吴越，而是因为当时武夷山制茶技术的落后，蒸青不透，茶香不扬，茶焙后含水率过高，不能有效制止干茶的继续酶促氧化，故茶色紫红。绿茶就该有绿茶的样子，绿茶的叶芽泛着紫红色，又是多么的令人尴尬！以史为鉴，今天的某些所谓创新的乌龙茶，也早已失去了乌龙茶的样子，而中大叶种茶的制作在绿茶化以后，刺激性又较强，仅从健康角度衡量，其利弊是值得深刻反思的。

困则谋通，穷则思变，面对武夷茶的困境，一代良臣、崇安

武夷山悟源涧铁罗汉茶园

县令殷应寅，于顺治七年（1650）慕名请来黄山的僧人，引入先进的安徽松萝制茶法，以炒代蒸，炒焙结合，制成了武夷松萝，为此周亮工写诗赞美道："却羡鑱家兄弟贡，新衔近日带松萝。"并把此事记录到《闽茶曲》中。据周亮工记载："崇安县殷令，招黄山僧以松萝法制建茶，遂堪并驾。今年予分得数两，甚珍重之。时有武夷松萝之目。"武夷茶采用松萝制法，提高了武夷茶的香气。元代的《文献通考》也早已证实："以炒代蒸，色香味俱佳。"江南及其他茶区，茶树的生长，以阳崖阴林为上，以海拔稍高为佳，而武夷茶则不然，以生于遮阳蔽日的坑涧之中为尊。查慎行《武夷采茶词》有："绝品从来不在多，阴崖毕竟胜阳坡。黄冠问我重来意，拄杖寻僧到竹窠。"竹窠与三坑两涧一样，都是盛产武夷茶的著名小山场，因此，武夷山特殊的低海拔山场特点，孕育了武夷岩茶独步天下的岩骨花香。

不久，周亮工又发现，武夷松萝虽然色香亦具足，但经旬月，又和之前的蒸青散茶一样，则紫赤如故。这又是什么原因呢？紫赤如故，其原因还是焙火温度不高，或焙火程度不够，还没有突破松萝茶焙火干燥的技术桎梏。周亮工的调查结论尚算严谨，他认为松萝制法虽然先进，但是，人的制约因素仍是关键，"盖制茶者，不过土著数僧耳，语三吴之法，转转相效，旧态毕露"。

松萝制茶炒焙技术的引进，彻底改变了武夷茶自唐代以来一贯的蒸焙工艺，提高了武夷茶的品质，为乌龙茶的诞生创造了技术条件。明吴栻《武夷杂记》云：“余试采少许，制以松萝法，汲虎啸岩下语儿泉烹之，三德俱备，带云石而复有甘软气。”吴栻喝的虽是绿茶，却已经具足了武夷茶香甘重滑的滋味和香气。之后的武夷茶，通过不断摸索和改进，尤其是走水焙茶技术的高温突破，使武夷茶由紫赤变为青褐油润，色泽均一，消除了绿茶之苦、红茶之涩，活色生香，香清甘活。大约到了康熙年间，武夷岩茶应运而生并趋于成熟。康熙五十六年（1717），崇安县志编修王草堂的《茶说》，其中对乌龙茶工艺的描述，支持了以上结论，他写道：“独武夷炒焙兼施，烹出之时，半红半青。青者乃炒色，红者乃焙色也。茶采而摊，摊而摝，香气越发即炒，过时不及皆不可。既炒既焙，复拣去其中老叶、枝蒂，使之一色。”武夷茶的采而摊晾、萎凋，摊而摇，半红半绿，炒焙兼施，挑拣梗叶，复焙使之一色，这不就是武夷岩茶的典型传统工艺吗？

世事总有莫名的缘分和巧合。明初，道学家朱升的《茗理》诗这样写道：“一抑重又教一扬，能从草质发花香。神奇共诧天工妙，易简无令物性伤。”更有意思的是，朱升晚年隐居在安徽休宁的松萝山，松萝山是松萝茶的发源地，松萝制法从根本上影响了乌龙茶的诞生，朱升的《茗理》一诗，又具足了乌龙茶做青的内涵和意蕴。难道这一切，都是冥冥之中的注定？我们无法说清的因缘，佛也曰：“不可说。”

松萝饮法
传武夷

天下名山僧占边，自古高僧爱斗茶。茶与道教、佛教渊源深长。中国北方的饮茶习惯，是由山东泰山灵岩寺的降魔禅师推动的，僧人学禅务于不寐，到处煮饮，饮茶遂成风俗。当时北方人们的煮茶习俗、饮茶习惯，一定是带有着佛教的痕迹，如同日本的茶道一样，镌刻着无法磨灭的唐宋遗风与寺院仪轨。唐代陆羽的煎茶道，也是来源于寺庙，早期传承于智积禅师，后期又受到皎然的影响，煎茶道随着《茶经》的问世成熟后，盛行于民间的煮茶法，逐渐被中上层社会所扬弃。

清初的松萝制法，深刻影响了武夷岩茶的诞生。黄山僧人在传授松萝制法、改进武夷茶的过程中，一定会演示、传授松萝茶的泡法与品饮技艺的。一个创新并模仿松萝茶的新茶类的出现，必然会带来泡茶手法、品饮方式的重大改变，这一点是毋庸置疑的。胡适先生说过，所谓创造，只是模仿到了十足时的一点儿新花样。任何人的成长，任何风尚的形成，都离不开对优秀的模仿。因此，在武夷松萝的瀹泡方式中，一定会带着挥之不去的松萝茶瀹饮泡法的影子。而在清初，对松萝茶的研制与瀹泡技法，不可能会有第二个人，能比茶道大家闵汶水的知名度与影响力更大了。文人雅士以能得到闵茶或能到花乳斋品茶为幸事，故闵汶水瀹泡松萝茶的技法、对茶器的选择与审美，必然会成为松萝茶泡法的最高典范，深深地影响着或提高着爱好松萝茶的人们的泡茶水准。

综上所述，中国工夫茶在武夷山生根发芽，与松萝制茶技

挑下山的武夷茶青

术的引进息息相关。准确记载工夫茶的最早文献，见于乾嘉年间俞蛟的《梦厂杂著·潮嘉风月·工夫茶》一节。俞蛟写道："工夫茶，烹治之法，本诸陆羽《茶经》，而器具更为精致。炉形如截筒，高约一尺二三寸，以细白泥为之。壶出宜兴窑者最佳，圆体扁腹，努咀曲柄，大者可受半升许。杯盘则花瓷居多，内外写山水人物，极工致，类非近代物。然无款誌，制自何年，不能考也。炉及壶、盘各一，惟杯之数，则视客之多寡。杯小而盘如满月。此外尚有瓦铛、棕垫、纸扇、竹夹，制皆朴雅。壶、盘与杯，旧而佳者，贵如拱璧，寻常舟中不易得也。先将泉水贮铛，用细炭煎至初沸，投闽茶于壶内冲之；盖定，复遍浇其上；然后斟而

雍正珐琅彩茶盅 台北故宫博物院藏

细呷之，气味芳烈，较嚼梅花更为清绝，非拇战轰饮者得领其风味。”从俞蛟对工夫茶的描述可以看出，工夫茶的主要器具，包括白泥炉、紫砂壶、杯盘、小茶杯等，壶、杯、盘，以旧而佳者朴雅为上。

其实，在这之前，乾隆二十七年（1762）的《龙溪县志》，对工夫茶之实早有记载：“灵山寺茶俗贵之，近则远购武夷茶，以五月至，至则斗茶，必以大彬之壶，必以若琛之杯，必以大壮之炉，扇必以琯溪之箑，盛必以长竹之筐。凡烹茗，以水为本，火候佐之，水以三叉河为上，惠民泉次之。”这便是台湾历史学家连横眼中的工夫茶：“茗必武夷，壶必孟臣，杯必若琛，三者品茗之要，非此不足自豪，且不足待客。”若以一语蔽之，“烹法讲究，啜之精致”，即是工夫茶的核心内涵。

如果简单回望一下，张岱眼中呈现出的闵老子泡松萝茶的场景，闵老子的精于鉴水别茶，以及他泡茶时的自起当炉，茶旋煮，速如风雨；这一切，让同样精于茶研的张宗子高山仰止。而其茶室，只见窗明几净，案头置有荆溪壶、成宣年间的窑瓷茶瓯等十余种茶器，皆十分精美。张岱文中描述的虽然简单，但如果仔细比较体会，闵老子的烹茶之法与其使用的精绝茶器，基本上与俞蛟对工夫茶的描述，是高度吻合的。

我们再来回忆一下，周亮工对于闵老子的印象。周亮工对金陵人诮笑闽无好茶，感到十分的气愤和不满，对闽人游览金陵后称道闵汶水和闵茶，则更为恼火。为了进一步了解闵汶水，他还是专门去了趟桃叶渡，拜访闵汶水并品尝闵茶。周亮工在《闽茶曲》注述："歙人闵汶水居桃叶渡上，予往品茶其家，见水火皆自任，以小酒盏酌客，颇极烹饮态。"闵汶水以一杯闵茶，引领着江南文人的风雅时尚，引起了周亮工的不满，他有诗讥讽说："歙客秦淮盛自夸，罗囊珍重过仙霞，不知薛老全苏意，造作兰香诮闵家。"无论周亮工对闵老子的技艺是如何的不服气，但是，他对闵汶水以小酒杯取代大茶盏品茶，还是颇感意外的；对闵老子水火自任的泡茶功夫，也是由衷地赞赏的。周亮工为什么会对闵老子使用小酒盏品茶感到惊奇呢？因为闵老子是茶杯小型化、精致化的先驱者，这也足以能够证明，在武夷松萝没有诞生之前，武夷山的小酒盏，还是用来盛酒待客之用的，尚无人用之细酌品茶。

乾隆年间的袁枚，是个见多识广、颇负盛名的文艺茶人，他在《随园食单》写道："余向不喜武夷茶，嫌其浓苦如饮药。然丙午秋，余游武夷，到幔亭峰、天游寺诸处，僧道争以茶献。杯小如胡桃，壶小如香橼，每斟无一两。上口不忍遽咽，先嗅其香，再试其味，徐徐咀嚼而体贴之。果然清芬扑鼻，舌有余甘。一杯之后，再试一二杯，令人释躁平矜，怡情悦性。始觉龙井虽清，而味薄矣；阳羡虽佳，而韵逊矣。颇有玉与水晶，品格不同之故。故武夷享天下之盛名，真乃不忝。且可以瀹至三次，而其味犹未尽。”这是最早涉及武夷岩茶品饮方法的记载，此时虽无工夫茶之名，却已具足了工夫茶之实。

后来，袁枚把乾隆五十一年（1786）在武夷山喝茶的经历，写成《试茶》一诗：“闽人种茶当种田，郄车而载盈万千。我来竟入茶世界，意颇狎视心迥然。道人作色夸茶好，瓷壶袖出弹丸小。一杯啜尽一杯添，笑杀饮人如饮鸟。云此茶种石缝生，金蕾珠蘖殊其名。雨淋日炙俱不到，几茎仙草含虚清。采之有时焙有诀，烹之有方饮有节。譬如曲蘖本寻常，化人之酒不轻设。我震其名愈加意，细咽欲寻味外味。杯中已竭香未消，舌上徐停甘果至。叹息人间至味存，但教鲁莽便失真。卢仝七碗笼头吃，不是茶中解事人。”武夷工夫茶的品法，让袁枚感到新鲜新奇，他第一次看到“如饮鸟”的小茶杯时感到好笑，但期间寺僧的“烹之有方饮有节”，让他大开眼界，由此他品到了武夷茶的岩骨花香与韵外之致。沉舟侧畔千帆过，相对于武夷山僧完善的工夫茶艺，和以此泡出的武夷岩茶的至美滋味，即便是唐代擅于煎茶的卢仝再世，也是望尘莫及的。如与山僧相比，卢仝已不算是茶中的解事人了。

“杯小如胡桃，壶小如香橼。”与后世工夫茶的规范已无二致。周亮工是明末清初人，他于康熙十一年（1672）去世，他去拜访闵汶水之前，武夷山的工夫茶还没有萌芽。清顺治七年（1671），黄山僧人把松萝制茶工艺传授给当地寺僧后，松萝茶

静清和款 怡红快绿对杯

的泡茶技法与那份烹茶的精致，便在武夷山生根发芽，自此，武夷山僧便学会用小壶冲泡武夷茶，用小酒杯细品饮武夷松萝了。到了康熙后期，待武夷岩茶的制作工艺成熟之后，瀹泡和品饮味厚韵足、香甘重滑的乌龙茶，就没有比用精致的小壶与小杯、更为恰当的瀹泡方式了。如果习惯于大盏喝茶，就如田艺蘅《煮泉小品》所言："饮之者，一吸而尽，不暇辨味，俗莫甚焉。"乾隆年间，袁枚在武夷山寺耳目一新的工夫茶体验，让他意识到用小杯品茶好于大盏，如果再像原来那样鲁莽粗糙地去饮茶，是品不出茶的舌有余甘、味外之味的。1832 年编修的《厦门志·风俗记》记载："俗好啜茶。器具精小，壶必曰孟公壶，杯必曰若琛杯。茶叶重一两，价有贵至四五番钱者。文火煎之，如啜酒然。以饷客，客必辨其香味而细啜之，否则相为嗤笑，名曰工夫茶。"其中的"文火煎之，如啜酒然"一句，在某种程度上，反映出当时的人们，对酒杯替代茶杯喝茶，还是有点不太习惯，感觉像是在品酒，这是否也是一种习惯意识里的记忆残留呢？

一个新茶类的诞生，一定会引起品饮方式的变化，相应的茶器与审美，必然会随之改善与调整。这种饮茶方式的全新改变，通过顺藤摸瓜，追本溯源，从中仍能感受到，闵汶水的松萝制法、松萝饮法对武夷松萝的深刻影响。菁英贵酝酿，其影响之巨、影响之远，从根本上左右着后世武夷岩茶的技术形成以及工夫茶在武夷山区的起源。

工夫茶始
闽最盛

近代，翁辉东在《潮州茶经·工夫茶》文稿一篇，写到工夫茶的烹法时，他说："茶质、水、火、茶具，既一一讲求，苟烹制拙劣，亦何能语以工夫之道？是以工夫茶之收功，全在烹法。所以世胄之家，高雅之士，偶一烹茶应客，不论洗涤之微，纳洒之细，全由主人亲自主持，未敢轻易假人，一易生手，动见偾事。"从翁辉东的描述可知，工夫茶不唯对茶、水、火、器要求精致，最关键还需要主人亲自精心烹制，不能轻易假人，所以，工夫茶的"功夫"，毫发毕现于烹茶之法之中，这是工夫茶的关键与实质。

明末清初，闵老子在金陵无论是会见张岱，还是招待周亮工，皆以惠泉水泡松萝茶，水火自任，颇极烹饮态，故陈允衡在《花乳斋茶品》赞美闵老子："尊人汶水隐君别裁新制，曲尽旗枪之妙，与俗手迥异。董文敏以'云脚闲勋'颜其堂，家眉翁征士作

清雍正粉彩杯　美国芝加哥艺术博物馆藏

歌斗之。一时名流如程孟阳、宋比玉褚公，皆有吟咏。汶水君几以汤社主风雅。”自古至今，能因茶受到董其昌的拥趸，能因茶而受到陈继儒歌之的，能有几人？闵老子以其卓绝的茶与茶道技艺，影响着江浙一带的文人士子。当然，江浙这片沃土的深厚底蕴与品茶风尚，也浸润着这位明末清初的茶道大家。

明代文人泡茶，过于自负，过于偏重个人内心体验。吴门画派的奠基人和领袖人物、书画大家沈周曾说：“茶以资高士，盖造物有深意。”持此观点的，并非沈周一人。我们既不是高士，也非雅士，难道俗人就不配喝茶了吗？可见，明代的文人吃茶，并没有明心见性。在闵汶水之前，文人注重的是品茶的茶境与感受，很少独自身体力行地去完成泡茶的全部程序。从文人茶道的精神领袖朱权开始，要求一童子携茶炉于前，一童子出茶具，等茶熟后，童子要把茶捧献于主人和客人面前，以供品饮。陆树声《茶寮记》说，喝茶“择一人稍通茗事者主之，一人佐炊汲”。徐惟起则认为：“茶事极清，烹点必假姣童、季女之手，故自有致。”就连极接地气的许次纾也说：“然对客谈谐，岂能亲临，宜教两童司之。”从上述记载分析，明代文人的泡茶道，虽然精致考究，但不能一以贯之，整个茶事活动，尚无法全部贯彻、体现出主人的修养与审美，故还不属于工夫茶的范畴。煎茶烧香，总是清事，需知茶识味，活水活火，佳器适手，躬自执劳方妙。这也是官吏文人周亮工，不能理解闵汶水能够放下身价、亲自泡茶待客的主要原因之一。

工夫茶的泡法，最早是在武夷山寺的僧人中酝酿成熟，之后开枝散叶，随着乌龙茶的外销及其制茶技术的向外扩散，而不断传播、生发、完善着。

武夷茶在清代，还是以出口为主。康熙年间，郑成功曾经的幕僚释超全，写于武夷山天心寺的《武夷茶歌》云：“近时制法重清漳，漳芽漳片标名异。”释超全定居厦门之后，写下的《安溪茶歌》又说：“迩来武夷漳人制，紫白二毫粟粒芽。西洋番舶岁来买，王钱不论凭官牙。”康熙三十三年（1694），释超全因慕武夷茶名，便入天心永乐禅寺为僧，以茶修行，晚年回归故里厦门著述、教书，因此，他非常熟悉武夷山与安溪的真实茶况。明代中叶之后，武夷茶主要从漳州出口，故当时的武夷茶，主要由财力雄厚的漳州人和泉州人控制着销售渠道。道光年间，梁章钜《归田琐记》写道：“沿至近日，则武夷之茶，不胫而走四方，且粤东岁运藩舶，通之外夷。”这说明广东也是武夷茶的主要出口通道。

武夷茶良好的外销势头，引发了周边茶区仿冒武夷茶的热潮，社会的利益驱动，也同时推动了乌龙茶技术向外的快速传播。释超全《安溪茶歌》写道：“溪茶遂仿岩茶样，先炒后焙不争差。真伪混杂人瞆瞆，世道如此良可嗟。”诗中很清晰地指出，安溪茶模仿武夷茶的做法，造成了市场上武夷茶的真伪混杂。如果不是在茶界浸淫日久，是很难明辨出哪个是溪茶，哪个是岩茶的？此中境况，与我们今天的武夷岩茶市场非常类似。王梓的《茶说》记载，也证实了释超全见闻的可靠性。他说：“邻邑近多栽植，运至山中及星村墟市贾售，皆冒充武夷。更有安溪所产，尤为不堪。”安溪茶为什么要模仿制作武夷茶呢？释超全又说：“居人清明采嫩叶，为价甚贱供万家。”其主要原因，是过去的安溪，清明前后多雨，茶农只会采摘嫩芽细叶制作绿茶，工艺较差，价格甚贱，茶农生活困苦，为追求较高的附加值，多挣点钱糊口，不得不去模仿、制作俏销的武夷茶。

当乌龙茶的制作技术，从武夷山传到安溪，其工夫茶的泡法，就会很自然地传播到闽南的千家万户。工夫茶向台湾的传播，也是如此。连横在《雅堂先生文集》中说："台人品茶，与中土异，而与漳、泉、潮相同，盖台多三洲人，故嗜好相似。"连横在《台湾通史》也写到，嘉庆年间，乌龙茶种及制作技术从福建传到台湾。到了道光年间，台湾茶又返销本地，从福州口岸出口外销。

晚清徐珂《清稗类钞》记载："闽中盛行工夫茶，粤东亦有之。盖闽之汀、漳、泉，粤之潮，凡四府也。"徐珂的记载，首先提到"闽中"，古时"闽中"的概念很大，是指吴越与南越中间的整个福建地区，还包括台湾地区。晚清工夫茶的盛行地区，

静清和款 100ml松石绿洒金小壶

大致包括了福建的汀州、漳州、泉州以及广东的潮州地区。工夫茶流行的地区，恰恰又是控制武夷茶交易和制作的泉州、漳州、汀州人的生活地域，这并不是历史的巧合。当时的武夷茶商，大多是漳州人，如释超全所言的“近时制法重清漳”。福建漳州在隋代时，隶属广东的潮州府管辖，到了唐代又划归福建管辖，所以，两地的语言、风俗极其相似。“虽境土有闽广之异，而风俗无漳潮之分。”这就能够很充分地解释，武夷山的乌龙茶及其工艺，为什么能向广东的潮州地区快速传播了。

漳州人最早从事武夷茶的制作和茶叶出口贸易，从而影响到

潮州的制茶工艺与喝茶方式。据彭光斗《闽琐记》记载：1766年，他路过龙溪，一位当地老人招待他喝茶，“盏绝小，仅供一啜。然甫下咽，即沁透心脾。叩之，乃真武夷也。”漳州人究竟有多爱工夫茶呢？据1762年编修的乾隆《龙溪县志》云：“有其癖者不能自已，穷乡僻壤亦多耽此者，茶之费岁数千。”甚有士子终岁课读，所入不足以供茶费；也有很多好茶的瘾君子，为此倾家荡产。由此可见，漳州的好茶之风，非同一般。因漳潮不分，此等奢侈饮风及品茗风尚，由漳州传到潮州，便造就了潮汕工夫茶今日的风雅。

潮州的凤山黄茶，曾因炒制不得法，苦涩难饮，深以为恨。清朝后期，引入武夷茶的制作工艺改造以后，被称作为“广东武夷”。根据民国年间的《潮州志》记载，大约在民国前后，凤凰单丛的乌龙茶制作技艺才得以成熟。

在潮州乌龙茶诞生之前，潮州的工夫茶已经开始流行。俞蛟在《潮嘉风月记·工夫茶》一节，描述潮州人喝工夫茶时写道：“投闽茶于壶内冲之。”此处的“闽茶”，是指武夷岩茶或安溪乌龙茶。之后，工夫茶提到的“茗必武夷”，不一定就是纯粹的武夷岩茶，也有可能是旧时的“广东武夷”，即现在的凤凰单丛茶。

工夫茶为什么会在潮州开花结果、自成一家呢？首先，潮州自古民安物泰，文风鼎盛，素有“海滨邹鲁”“岭海名邦”之美称。其次，潮州商业发达，有着悠久的饮茶历史，以饮茶为尚，且“习尚风雅，举措高起”，喜用旧物，为茶争奢夺豪，不惜重金。第三，还有一个不可忽视的因素，即潮州商人是中国三大商帮之一，财大气粗的潮州会馆林立于海内外，集传统文化和冒险精神于一身的潮州商人，以茶为媒，广交四海，成为潮汕工夫茶形成过程中的一股不可或缺的重要推动力量。喝茶的风尚，自古至今，始终是与某个地区的GDP、文化的繁荣等，存在着正相关的联系。而康熙以后的武夷山区，缺少的恰恰就是文人的追捧与商人的炫耀，缺少的即是潮州般的这种历史底蕴和综合推力。

壶必孟臣小为佳

紫砂壶发展到清代，文人趣味变得浓郁，壶的体积和重量，相得益彰地缩小了许多，趋于精巧化。从乾隆开始，追求纤丽繁缛，巧不自耻。到了清代晚期，紫砂壶艺开始衰弱不堪。叶恭绰在《阳羡砂壶图考》总结道："夫砂壶一微物耳，而制作良窳，实与文化生沉具有关系。故创于正德，盛于嘉靖、乾隆，而衰于道、咸，以后其体制则有朴而工而巧，而率且俗。"

清代初期，清兵进攻江南，清代之前的紫砂壶，"乃以甲乙兵燹，尽归瓦砾，精者不坚，良足叹也"。到了乾隆时期，吴骞专程去了宜兴等地，寻访搜集遗世的紫砂名壶，数十年所得寥寥，以致陈维崧感叹："时壶市纵有人卖，往往赝物非其真。"由此可知，到了清代，前朝的紫砂壶已极少见，且赝品极多，何况今日？

康熙时期，以集明代紫砂传统之大成的陈鸣远成就最高，他与时大彬、徐友泉在伯仲之间，同时，陈鸣远也是制作紫砂花货的祖师爷。另外，他还开创了壶体镌刻诗铭的传统，署款以刻名和印章并用，给过去光素的壶体增添了隽永的装饰情趣，使紫砂壶多了一种飘逸的书卷气息。他曾制一壶刻有："汲甘泉，瀹芳茗，孔颜之乐在瓢饮。"一茶品出千般味，乐在其中一瓢饮，以此可见陈鸣远的底蕴之厚和清雅不俗。

乾嘉时期，作为西泠八大家之一的陈曼生，亲自操刀，与杨彭年、杨凤年兄妹合作，融金石、书画、诗词与造壶工艺为一体，炉火纯青地创造了经典的曼生十八式。气韵温雅的曼生壶，骨肉停匀，小巧宜茶，成为文人与紫砂艺人珠联璧合的典范，使紫砂壶"字随壶传，壶随字贵"，故被赞誉"为时大彬后绝技，允推壶艺中兴"。前无古人，后鲜有来者的陈曼生，把时大彬开创的为文人个性化服务的做壶方针，推向了历史的巅峰，"文人壶"从此大白于天下。

孟臣壶，名冠天下，妇孺皆知，却是个不解之谜。惠孟臣到底是谁？顺治元年周高起的《阳羡茗壶系》，只记录了从宜兴壶创始至明末的三十位陶工，其中，并没有关于惠孟臣的点滴记载。乾隆五十一年，吴骞的《阳羡名陶录》记载："余得一壶，底有唐诗'云入西津一片明'句，旁署'孟臣制'，十字皆行书，制浑朴而笔法绝类褚河南，知孟臣大彬后一名手也。"但是，吴骞对惠孟臣的生平没有任何记载。民国的《阳羡砂壶图考别传》，记载孟臣壶："制壶浑朴工致兼而有之，泥质朱砂者多。出品则

清代杨彭年壶 美国芝加哥艺术博物馆藏

清代孟臣壶

小壶多，中壶少，大壶最罕。”“所制大壶浑朴，小壶精妙，各擅胜场，亦大彬后一名手也。”“尤以所制梨形壶最具影响。”《江苏省志・陶艺人名录》记载：“惠孟臣，不详何时人。精制茗壶，形制浑朴，为时大彬之后一大名手。雍正初年就有人仿制孟臣壶，后仿制者日见增多。其作品朱紫者多，白泥者少，小壶多，中壶少。”从上述记载可以判断，周高起不知道惠孟臣是谁，吴骞也不详惠孟臣是何人。大家皆是只见其壶，不见其人。而在雍正年间，又有人仿制孟臣壶。从这个重要的时间节点基本可以断定，惠孟臣应该是康熙年间与外界交流较少的民间制壶高手。惠孟臣被文人忽略、罕有记载的原因，大概是惠孟臣善做小壶，并不引人注目。因为在明末清初，以文震亨为代表的苏州文人，以半升大小的壶作为择壶的标准，而惠孟臣所做的小壶，作为实用器，即使再精妙，肯定也难入当时文人雅士思维定式的法眼，故其作品容易被忽视、矮化为日常的器皿。孟臣壶对未来的工夫茶所做的巨大贡献，由于历史的局限性，是谁都难以预料和猜想到的，因此，惠孟臣被那时的史志忽略，也在情理之中。

工夫茶在清代中早期，是流行于漳、泉、潮、台等地待客的局部行为，不可能受到中国主流文化的认同。即使到了乾隆年间，袁枚在武夷山看到山僧泡茶的小壶，也是嗤之以鼻、无法接受的，认为“笑杀饮人如饮鸟”。试想一下，如果没有张岱对闵老子的零星记载，对工夫茶的起源和启蒙有着重大贡献的茶道大家闵汶水，也一定会弥散于历史的尘埃之中，无迹可寻。

康熙年间，正处于闽中工夫茶的形成时期，明代砂壶古朴硕大，仅存的紫砂名器，价值千金，极为难得，非一般人可以拥有，这就迫使清代偏之一隅的福建茶人，更加关注本朝的砂壶。百姓日用即是道，喝工夫茶最需要的就是线条洗练、胎薄轻巧、出水流畅、婉转玲珑、适于把玩的日用小壶。而孟臣壶以朱泥小壶居多，且又精妙无比，故对孟臣壶的追求，在闽中、粤东等地风靡一时。道光年间，周凯撰写的《厦门志》记载：闽人，“俗好啜茶，器具精，小壶必曰孟公壶，杯必曰若琛杯”。

陈鸣远出身于紫砂世家，其父是制壶名家陈子畦，与文人雅士交往频繁。陈曼生不仅是著名文人，还是溧阳知县，这些优势，惠孟臣可能均不具备。对惠孟臣的最合理解释，他可能是一个深明茶理、闭门不出的隐士，能够随心所欲，因茶制宜，设计制作了数量不小的、适于工夫茶品饮的日用精妙小壶，主要销往工夫茶流行的地区，在当时并没有引起本地文人的关注。等惠孟臣去世之后，或工夫茶开始在更多地区流行以后，人们才意识到孟臣壶的实用价值与美学旨趣，此时再去追溯其人，身世可能已经模糊不清了。大凡有个性的艺术开拓者与创新者，注定前路是孤独的，甚至不为同时代的人所理解和接受。国画大师黄宾虹，就是一个典型的例证。他曾对亲人说过：“我的画 50 年后才会有人懂，你们看着吧！”果不其然，在他辞世 60 多年以后，黄宾虹先

张利烽先生刻梅花壶

生的巨制《黄山汤口》，拍出了 3.45 亿元的天价。孟臣壶也是如此，自从它渐渐被人认知、关注、欣赏之后，就变得耐人寻味，移人心目，持久搅动着海内外一浪高过一浪的“孟臣壶”热。如果能确认孟臣壶产生于康熙年间，那么基本就可以断定，曼生壶的构思和创作理念，有可能是受到了孟臣壶的启发。

在当时的历史条件下，只有爱好工夫茶的人，才会崇尚孟臣壶，但“壶出宜兴者最佳”，非此不足以自豪，且不足以待客。当福建与广东地区的茶客，对孟臣壶产生了巨大的需求之后，冠以孟臣之名的大量的紫砂壶，便会迅速占领市场。广东潮州对孟臣壶的需求量较大，因此，潮州枫溪的手拉朱泥壶，也开始仿造孟臣壶。不过，潮州的手拉壶，还是没有打片成型的宜兴孟臣壶更加精致。清末金武祥《海珠边琐》记载："潮州人茗饮，喜小壶。故粤中伪造孟臣、逸公小壶，触目皆是。"据统计，孟臣壶的存世量可能是最大的，但这些孟臣壶，多为康熙以后历代仿制的，年代跨度较大，令人真假难辨。《阳羡砂壶图考》记载："孟臣因负盛名，故赝鼎独，凡藏家与市肆无不有孟臣壶，非精于鉴赏者莫辨。"时至今日，孟臣壶已成为工夫茶中一切精妙小壶的代名词。在市场上，当孟臣壶触目皆是之时，有智慧的茶人便不再求孟臣之名，他们认为无款而良的壶，好于有孟臣款的壶，此中有真意，用时方觉之。壶是用的，健康好用即可。诚所谓：有款求其真，无款求其善也。

杯必若琛
大变小

民国时期，许之衡在《饮流斋说瓷》写道：“宣德有‘轻罗小扇扑流萤’茶盏，成化有‘高烧银烛照红妆’酒杯，皆诗句入瓷之初祖。”

在过去专业人士的认知里，喝茶的一般叫盏、瓯，喝酒的习惯称为杯。明末以后，随着工夫茶的萌芽与兴起，一部分酒杯被借用做茶盏，此后的诗词文献里，“茶杯”二字出现的几率开始变多。乾隆年间郑板桥有茶诗：“杯用宣德瓷，壶用宜兴砂。”另有题竹诗：“此间清味谁分得，只合高人入茗杯。”

康熙年间，若琛杯的问世，意味着真正意义上的工夫茶的专业茶杯，开始出现并趋于成熟；意味着一种全新的适合浅啜微呷的品茶方式，正被广受注目和欣然接受。之后的茶杯类型，一部分参照古时酒杯的式样，按照一比一的比例进行烧制；另一部分原本就是酒杯，直接被拿来应用。我们今天看到的很多古旧茶杯，

清代青花杯及盘

在历史上的真实面目，其实就是喝酒的酒杯。当酒杯变成了茶杯，过去敬酒使用的酒盘，顺理成章，就变成了当今普遍使用的茶托。我们今天茶席上应用的茶托，包括从日本进口、回流的茶托，基本上都是过去的酒盘，或是酒盘的翻版再造。在过去，如果酒杯的底部有圈足，承载酒杯的叫作酒台子，二者合称台盏，元曲有“翠袖殷勤捧玉台”。如果酒杯没有圈足，像是卧足等款式，与之配套的叫作酒盘，二者合称为盘盏。欧阳修有诗：“劝客芙蓉盃，欲搴芙蓉叶。”诗中的“芙蓉叶”，指的就是与芙蓉酒杯珠联璧合的酒盘。盘与盏的造型、纹饰一致，相得益彰，称为芙蓉盘盏一副。

北宋定窑茶托 台北故宫博物院藏

酒盘与清中期之前的茶托，在结构和功能上，是截然不同的两类器皿。茶托的承口较为深长，用以固定茶瓯的圈足，如许之衡所言："以便承器而不虚其中者。"

在当今常用的茶杯中，只有若琛杯根正苗红，一出生便是名副其实的茶杯。其他的大部分茶杯，基本上都是从酒杯的形制中演化而来的。而过去的茶盏模样，碗体大部分都是偏于直口的，我们从历代遗存的老盖碗中，能够一窥其前世的款式与大小了。

盖碗的出现，是以茶瓯加盖为标志的。明代中期，撮泡法普及开来，人们担心茶汤冷却后，会伤及肠胃，便在撮泡的茶碗之上加了个盖子，于是盖碗出现了。最早的盖碗，盖子大于茶碗的

乾隆皇帝的宣德宝石红茶盅、永乐茗碗与古玉茶托 台北故宫博物院藏

碗口，这种最早的设计是有缺陷的，盖子不稳定，容易滑脱摔坏。在之后的喝茶实践与不断的改进中，盖子逐渐小于碗口，也就变成了我们今天看到的盖碗形制。为避免烫手，又在盖碗的底部，增加了类似茶托的浅盘。尤其是与壶泡法配合的茶碗，在明末以降受酒器盘盏的影响，许多都增加了浅盘承载。清代中上层社会使用的盖碗，多与金、银、锡制茶托配套使用。乾隆皇帝为自己的永乐甜白茗盂、宣德宝石红茶盅，还各配备了一只新石器时代的凸缘玉璧作为茶托。并赋诗《咏玉托子永乐脱胎茗盂》云："一脆一坚殊不伦，相资合体诚奇绝。轻于宋定薄于纸，炙手微嫌茶

汤热。置之托子温须臾，适用酌中品芳洁。”较早盖碗的浅盘中心，设计有带着凹陷的承口，正好与盖碗底部的圈足相吻合。如果从侧面审视较早的盖碗，是不会看到盖碗的圈足的，圈足恰好嵌合在底盘的承口之中。

使用盖碗喝茶，从康熙时代开始盛行。清晚期又流行于北京、天津、四川一带，尤其在茶馆、戏院等处。梁实秋喜欢用盖碗品茶，他在《喝茶》一文说：“盖碗究竟是最好的茶具。”我在《茶席窥美》中也强调，盖碗是最方便、最能客观表达茶的泡茶器。爱茶的朋友，学会熟练使用盖碗泡茶，必定会受益终生。

近代，尤其是随着工夫茶传播的遍地开花，盖碗由当时重要的品茶器，转变为单纯的泡茶器之后，为避免烫手，盖碗的碗口便由直口变为了撇口，且撇口逐渐变大。其底部的浅盘，受到酒盘的影响，浅盘中心的承口也逐渐消失了。此后，盖碗的浅盘，在功能上基本是聊胜于无了。

在历史文献中，第一个提到若琛杯的，即是同治、咸丰年间的张心泰，他在《粤游小识》里写道：“潮郡尤嗜茶，其茶叶有大焙、小焙、小种、名种、奇种、乌龙诸名色，大抵色香味三者兼备。以鼎臣制宜兴壶，大若胡桃，满贮茶叶，用坚炭煎汤，乍沸泡如蟹眼时，瀹于壶内，乃取若琛所制茶杯，高寸余，约三四器匀斟之。每杯得茶少许，再瀹再斟数杯，茶满而香味出矣。其名曰工夫茶，甚有酷嗜破产者。”张心泰见到的若琛杯，与近代

清代乾隆前后的不同形式的盖碗 荷兰阿姆斯特丹国立博物馆藏

翁辉东记载的若琛杯，其大小基本一致，径不及寸，杯背书写“若琛珍藏”四字。近年，我在国内见到的若琛小杯，底款不外乎“若琛珍藏”与“若深珍藏”两类。

若琛杯，是在康熙年间、乌龙茶的制作技术诞生以后，出现的适合细啜浓度与香气较高的乌龙茶类的小茶杯。茶杯的高度与口径，同在一寸左右，近似半个乒乓球的大小，杯小而浅，容量在 10 ~ 20 毫升。使用若琛杯喝工夫茶时，不需要借助茶托。为预防烫手，茶杯的口沿设计撇度较大。

对于杯子书写的底款，究竟为“若琛”，还是“若深”？一直争议较大。其分歧，一方面来自《饮流斋说瓷》的“若深珍藏为康熙制品”这句话；另一方面，是关于若深本人的传说。若深，一会被描述成是康熙的近臣，一会又被说成是景德镇的工匠，尤其是康熙近臣赏赐之说，最为荒诞。我们知道，在康熙年间，清廷是不喝工夫茶的，更不会去烧造若琛杯。此时宫廷的饮茶方式，仍然是中规中矩，沿袭着明代文人的壶泡法或盖碗撮泡法，茶器多为釉彩华丽的茶壶、茶盅等。清代工夫茶的受众，仍然局限于闽中、粤东一带，主要是以商人为主。即使到了乾隆年间，风雅好茶的乾隆皇帝，也没有接纳过工夫茶的泡法。他在重华宫举办三清茶宴时，直接用青花或矾红的盖碗瀹泡品茶，茶足兴尽之后，还会以御制的“三清茶碗”赏赐近臣，以示恩宠。在故宫博物院的陶瓷馆，我们还能看到乾隆皇帝的三清盖碗实物，腹壁上题有

雍正珐琅彩茶盅 台北故宫博物院藏

乾隆的三清茶诗，前四句为："梅花色不妖，佛手香且洁。松实味芳腴，三品殊清绝。"乾隆另有茶诗："便拾松燃火，因揩瓯瀹茶。"此诗也可证实，乾隆喜欢以茶瓯瀹茶，即用盖碗喝茶。

历史上关于茶与茶器的传说，十之八九都是商人的杜撰，几乎没有一个是靠谱的，不能作为探讨茶与茶器发展的证据。个人认为，若琛杯可能是在康熙年间，民窑烧造的适于喝工夫茶的精雅小杯，用"若琛"之名，以示茶杯的珍贵。"琛"的汉字字义，有"珍宝"之意，是能够珍藏的美器，令人惜之宝之，其义自见，自然就是"若琛珍藏"了。"若深"之名，可能是工匠误把"琛"字写成"深"了，其后以讹传讹。也有可能是工匠或商人的故意为之，以此冒充若琛，以期鱼目混珠，从中渔利。我很欣赏台湾近代史学家连横的工夫茶诗："若琛小盏孟臣壶，更有哥盘仔细铺。破得工夫来瀹茗，一杯风味胜醍醐。"被誉为台湾文化第一人的连横先生，也认为若琛小盏是经得起推敲的，而非若深。连横作为著名的历史学家得出的结论，一定会比一些商人的演绎或传说更加严谨一些。

清瓷康雍
最精美

清代的两百六十多年，是中国瓷器史上集大成的时期，尤其是康熙、雍正、乾隆三代，较好地吸收了前几个朝代的先进精湛技艺，使瓷器在工艺技术和产量上，都达到了历史的高峰。

清代的瓷器，主要以景德镇为生产中心，官搭民烧制度，提高了民窑烧造精细瓷器的技术，促进了整个瓷器产业的发展。康熙、雍正、乾隆时期的青花、五彩、红釉、素三彩、粉彩、斗彩、珐琅彩及颜色釉瓷器，都取得了空前的巨大成就，它们大部分产自于当时著名的藏窑、郎窑、年窑、唐窑等官窑，也有少部分出自民窑。

茶器从明代中期开始，逐渐趋于小巧精致，特别是从成化年间开始，瓷器的装饰画面，多了笔墨情趣和生活气息。随着工夫茶的萌芽与兴起，康熙年间，径不及寸的若琛杯的出现，这不仅是一次茶杯的革命，也是一次饮茶方式的巨大革新。自明末闵汶

康熙十二花卉杯 美国大都会艺术博物馆藏

水肇始，品茗精细化的要求，择善而从地选择了小酒盏；杯壶匹配、相辅而行的原则，又催生了对孟臣小壶的需求。从此，酒杯的形制和大小，深刻地影响了后世茶盏的设计。此后的茶杯，开始向精巧、料精、胎薄、质洁等方向转变。一只合格的茶杯，盖不薄不能起茶之香，不洁白不能衬托茶的汤色，这种转变虽然是缓慢的、渐进的，但对后世乃至今天的影响，电照风行，深远巨大。

清代最著名的酒杯，是康熙年间的十二花卉杯。在国内的故宫博物院、南京博物院、山东博物馆、天津博物馆、四川博物馆等处，我分别见到过青花五彩花卉杯和青花花卉杯两个系列。这些花卉纹酒杯，形似仰钟，胎轻体薄，色彩清新淡雅，釉面细润洁白。十二月花卉杯，是根据中国传统花朝节的传说，从百花中精选了代表农历十二个月份的月令花卉，绘制而成，每一种花卉指代着一个花神，故又称之为“花神杯”。十二月花神杯，以十二件为一套，一杯一花，腹壁一面绘画，另一面题写唐诗名句。杯高 4.9 厘米，口径 6.7 厘米，足径 2.6 厘米，集诗词、书法、绘画、篆刻四种艺术于一杯，精美绝伦，富有浓郁的文人艺术气息。

光绪年间，陈浏（别号寂园叟）的《陶雅》曰：“康熙十二月花卉酒杯，一杯一花，有青花、有五彩，质地甚薄，铢两自轻。彩花以有黄色小兔者为最美，菊与荷鸳者为下。昔者十二杯不过数金，所在多有，今则黄兔者一只，已过十笏矣。若欲凑合十二月之花，试戛戛乎其难。青花价值且亦不甚相悬也。”从寂园叟的记载可以看出，康熙十二花神杯，虽然居为今天茶杯形制的最美典范，但追根求源，在它设计之初，仍属酒杯里的名品，从中我们也能寻觅到，清代酒杯向茶杯逐渐过渡的信息与痕迹。十二花神杯，在北京故宫博物院的公开展柜里，也明确标注了它曾是康熙皇帝的酒杯。

我在北京故宫博物院、南京故宫博物院分别看过馆藏的青花花神杯，疏淡隽秀，明媚如洗，莹润的只见其釉不见其胎。康熙青花发色靓丽明翠，墨分五色，其画工细腻，运笔流畅，用分水技法描绘山石、树干、花卉及草叶，见深见浅，错落有致。古人以诗形容其精美绝伦，“只恐风吹去，还愁日炙消”，可谓恰如其分。

上述的青花五彩花神杯，我在河南博物院也有缘见过，图案设色绚丽，艳而不俗，从一月迎春花、二月杏花、三月桃花、四月牡丹、五月石榴、六月莲花、七月兰花、八月桂花、九月菊花、十月月季花，到十一月梅花以及十二月水仙花，每一组图案都经过巧夺天工的安排，其山石、树木、花草、动物的搭配，自然协调，生动有趣。寂园叟在《陶雅》评论，认为最美的是八月桂花杯，题诗是唐代李峤的“枝生无限月，花满自然秋”。其画面为：在盛开的桂花树下，蹲坐一只两耳竖立的小白兔，可爱至极，有蟾宫折桂之喻。

八月桂花 带黄色小兔的花卉杯 美国大都会艺术博物馆藏

雍正粉彩过枝桃蝠纹碗 芝加哥艺术博物馆藏

康熙五彩，最早是在明代嘉万年间，在成化斗彩的基础上发展起来的一个新品种，它不是单纯的釉上彩，是釉下青花与多种釉上彩色相配合的青花五彩。其烧制工艺颇为复杂，先在成型的胎体上，以青花绘制局部图案及题写行书诗句，上釉后入窑高温烧成。然后，再在釉上绘以红、绿、黄、紫五色为主的颜色等，以形成完整的画面，经过二次低温烧制而成。

斗彩的釉下青花，是构成瓷器整体装饰的决定性主色，二次低温烧成的釉上彩色，是附丽于青花的。青花五彩中的青花，不再充当主色，它只是多种彩色里的一种蓝色而已。

曾经风靡一时的康熙五彩，到了雍正、乾隆时期逐渐减少。在康熙五彩的基础上，借鉴珐琅彩的多色配制技法，创烧出了色调淡雅的釉上粉彩，并盛行于雍正、乾隆两朝。粉彩的烧造温度通常比五彩稍低，一般在700℃～750℃左右。习惯上把康熙五彩称为硬彩，把粉润柔和的粉彩叫作软彩。对此，《饮流斋说瓷》解释说："硬彩者彩色甚浓，釉付其上，微微凸起。软彩者又名粉彩，彩色稍淡，有粉匀之也。"

时任江西巡抚兼陶务官的朗廷极，为康熙十二花神酒杯的成功烧制，立下了汗马功劳。不唯如此，朗廷极还逐步恢复了明中期失传的铜红釉烧造技术，成功烧成了名贵的郎窑红。

我们常见的茶器的红色釉，大致分为两类，一类是高温铜红釉，如郎窑红、霁红、豇豆红等，它们是以铜元素为着色剂，生

康熙豇豆红 美国大都会艺术博物馆藏

坯挂釉后入窑，经 1250℃ ~ 1300℃的高温一次烧成。另一类是低温铁红釉，以青矾煅烧获得的氧化铁为着色剂，用铅粉作助熔剂，入窑经 900℃左右的温度，烧成的抹红或珊瑚红，统称为矾红。低温烧造的颜色釉，有的含有铅毒，这也是我反对低温釉作为茶器的重要原因之一。

胭脂水茶器的妩媚的红，比较特殊，又叫“金红釉”，它是以黄金作为着色剂的名贵品种，高贵雅致，别具情调。光绪年间，陈浏的《陶雅》评论：“胭脂红也者，华贵中之佚丽者也。”大致如胭脂之色的，称为胭脂水；比胭脂水呈色浓重的，叫胭脂紫；比胭脂水呈色更淡的，谓之淡粉色。胭脂水茶器，红若赤霞，赧如羞女，以娇贵明艳，绮丽匪夷，独步瓷坛，令人沉醉。

胭脂水虽为低温发色，但是健康的胭脂水茶器，必须要首选高温烧制的坯体，其后再二次烧造。其具体工艺为：先手工制坯、上釉，入窑高温烧出精致的白瓷胎体。然后，采用吹釉的方法，把以黄金为着色剂（0.5% ~ 0.6%）的釉浆，均匀吹喷到不停烘烤加热的瓷胎上，待釉层达到 0.15 ~ 0.20 毫米时，即可入炉以 800℃ ~ 850℃的温度烤烧而成。

历史上的胭脂水瓷器，以雍正时期烧造的成就最高。不惟如此，受珐琅彩直接影响而烧成的雍正粉彩，亦是清逸雅致，卓尔不群。其精美者，达到了“花有露珠，蝶有茸毛”的程度。《陶雅》赞誉为：“粉彩以雍正朝最美，前无古人，后无来者，鲜艳

雍正胭脂水 美国大都会艺术博物馆藏

耀眼。”

雍正幽人深致，乾隆附庸风雅。自好大喜功的乾隆以降，清代陶瓷开始走向平庸艳俗、毫无创意的羸弱时代了。孔子说：“丹漆不文，白玉不雕，宝珠不饰，质有余者，不受饰也。”到了乾隆、嘉庆年间，匠人们又画蛇添足地把粉彩、描金工艺，施之于紫砂茶具之上，不仅庸俗之至，而且破坏了紫砂的色泽及其材质的至质至美。更令人哭笑不得的是，乾隆皇帝还改造了两个新石器时代的凸缘玉璧，为他的永乐脱胎茶碗和宣德宝石红茶盅，分别充作了茶托。事后，他竟然大言不惭地在其上刻诗曰：“托子古玉沧桑阅，茗盂永乐传脱胎。”“圆如璧有足承之，置器何愁覆餗为。”不仅如此，他在诗中还嘲笑陆羽和卢仝，如果见到了他的名贵玉璧茶托，非但不能愉快地喝茶，恐怕也会“掉头弗顾应罢啜”。自诩为十全皇帝的乾隆，豪侈奢靡，好大喜功，少了“白云满碗花徘徊”的悠然之心，他没有读懂陆羽的“不羡黄金罍，不羡白玉杯”，也无法理解陆羽和卢仝有志于茶、不流于俗的清远高致。

下篇

清和茶道，是以人体工学为基础，借以佳茗美器，旨在体现「静为茶性、清为茶韵、和乃茶魂」的艺术生活化的茶事美学行为。

清和茶道
和为贵

茶为国饮，源远流长。到了唐代，名目繁多的茶的别称，才统一称之为茶。1949 年以后，根据茶的制作方法、茶叶品质以及茶多酚氧化（发酵）程度的不同，明确而科学地划分为绿茶、黄茶、黑茶、白茶、青茶、红茶六大类。究其本质，六大茶类的分类，是以儿茶素为主体的黄烷醇类的含量次序，作为分类依据的。如同禅宗的“一花开五叶，结果自然成”。

茶类不同，泡法有别，一款茶的香气、汤色、滋味、气韵、意境的表达，因人而略有差异，其甘隽永香蕴藉，幽人自知。泡茶看似随意，欲泡好一盏茶却不容易，需要扎实的手上功夫，活火活水，知茶性，明茶理，以形成正确的综合判断，还需要“利其器”。茶器的选择，是否顺手贴意，是否适合某一类茶，能否准确客观地去表达茶的汤色、香气、滋味、气韵等，都是值得认真探究、细细玩味的雅趣闲事。

唐代陆羽的《茶经》问世之后，茶具和茶器有了明确的分野，形成了两个内涵不同的概念。《周易》云："形而上者谓之道，形而下者谓之器。"幽人高致，器以载道，道由器传，茶道就是籍由人与茶器来传达、表现的，假物以托心，立象以尽意。茶以一叶之微，啜苦咽甘，解人心语，传香千古，泽被后世，俨然是精神文明与物质文明相连接的纽带，故茶最近于"道"。

陆羽《茶经》说："但城邑之中，王公之门，二十四器缺一，则茶废矣。"陆羽对展现唐代煎茶道的二十四器的严格要求，体现了陆羽煎茶的严谨及其对品茶仪式感的一丝不苟。从唐代的煎茶，到宋代的点茶，明代的撮泡，至清代工夫茶的形成，茶器的形制、材质、大小、功能等，不断随着茶类的发展、品饮方式的不同而变化着。茶器、茶席经过漫长的岁月，发展到今天，虽然可繁可简，丰俭由人，但不可因繁文缛节，影响了品茶的幽兴；也不能因过素过简，影响了茶席必要的使用功能与韵味的表达。许次纾《茶疏》认为："茶滋于水，水籍乎器，汤成于火，四者相须，缺一则废。"许次纾是明代少见的知行合一的文人型茶人，他虽然腿跛，但为了掌握茶的第一手资料，每年都会不辞辛苦，深入茶区，亲力亲为，以求端本正源，故许次纾之论，切中要害，别有见地，不可不读。

综上所述，清和茶道认为，正规茶会或重要茶事，茶器不应少于十八种，具体包括：泡茶器（盖碗或壶）、壶承（茶盘）、盖置、匀杯、茶杯、茶托；茶荷、茶则、则置；茶炉、

九华山甘露寺野外茶席

烧水器、滓方，洁方、竹夹；茶仓、具列、席布、花器等。若居家日常，花前月下；山寺野外，瞰泉临涧等，可随心所欲，可繁可简。

清和茶道，是以人体工学为基础，借以佳茗美器，旨在体现“静为茶性、清为茶韵、和乃茶魂”的艺术生活化的茶事美学行为。清和茶道，倡导运用人体工程力学原理，恒亲其役，源头问茶，知行合一，去健康、科学、合理地泡好一盏有滋有味的茶汤，为匡扶堕落为生存的快节奏的现代生活，倍添韵致，颐养身心。触事皆手亲，做茶的季节，“白云满袖香先异，绿雪盈眶色可怜”。品茶的时光，“幽芬岂是熏兰畹”，“人比心清妙始省”。借助茶，让我们学会苦中作乐，忙里偷闲，诗意地栖居于自然草木之中；借由茶，通过鉴水、择器、候汤、冲瀹、闻香、知味、赏器等，渐饮渐惜物，渐饮渐妙喜，让枯燥的日子有味道，使平淡的生活艺术化。笃静悟初，清神出尘，久而久之，让清雅的茶事美学活动，成为一种精神的自觉，居闲趣寂，素怀观照，

唐代韦应物诗云：“喜随众草长，得与幽人言。”诗中明确表达了“静为茶性”的理念。静胜燥，故茶需静品。明代徐渭《煎茶七类》说：“煎茶虽凝清小雅，然要须其人与茶品相得。”当内心与茶性相得，当心静与茶静契合，共鸣后的茶觉，是敏感的、准确的、清灵的、玄妙的。禅者，静也，这种不可言说的味外之味，即是禅意，具足了禅意的茶味，大概就是很难说清的“禅

茶一味”吧！刘禹锡有诗：“僧言灵味宜幽寂”，因此，煎水瀹茶，趣从静领。静心品茶，雪其燥气，斯俗情悉去，臻于雅矣。茶养人生静气，“欲达茶道通玄境，除却静字无妙法”。韵高致“静”，可谓一语中的。

明代朱权《茶谱》说：喝茶，“为君以泻清臆”，“非此不足以破孤闷”。茶有草香、花香、果香、乳香，然而，香以清香、幽香、冷香为上。“香而不清，犹凡品也。”一语道破茶香境界高低的玄机。汪士慎的“凉芳舌上升”，为饮茶得道之言。茶的“清”，是指气息清纯、滋味清爽、香气清幽。“韵”，本义是指音韵，是与听觉有关的美学概念。当茶的本味之外，有了味外之味，当茶品出了含英咀华的余味，这种“令人六腑皆芬芳”的回味不尽，通过人的感觉、味觉与移觉结合起来，就形成了茶的韵味。好茶气息清凉幽微，有山野清芬之气，故老子说：“寒胜热，‘清’静为天下正。”

宋徽宗赵佶《大观茶论》写道：“夫茶，以味为上，甘香重滑，为味之全。”宋徽宗真是懂茶之人，鞭辟入里，寥寥数语点明了茶之内涵。一款自然造化的好茶，包含了苦、涩、酸、咸、甜、辛等诸多滋味，天育地化，茶逢其时，用心炒制的一泡有季节感的好茶，必定是五味调和、浓淡有致的，古人认为“五味调和谓之美”。五味调和的茶，不苦不涩，甘润鲜香，内质丰富，好像每一种滋味都有，但每一种滋味又都不突兀、不彰显。“灵

芬凝不散，珍品鲜难求。”好茶就是如此，甘鲜清绝，致清导和，具有和合之妙。茶如人生，和为贵也，好茶如同君子，和而不同，止于至善，故“和”为茶魂。

紫砂壶以砂为上

面对紫砂壶的选择，很多人是雾里看花，似懂非懂，甚至是一头雾水。为什么会如此呢？最重要的原因，是近代紫砂壶的名字里多了一个“紫”字，就像茶的品评一样，“茶汤”与“香气”，究竟哪个占有主导地位？抓对了矛盾的主要方面，紫砂壶与茶中存在的一切疑惑，便会如庖丁解牛，迎刃而解。

清代以前的文献里，紫砂壶叫“砂壶”，这是值得注意的关键点。古人为什么要强调是砂壶呢？因为，古人认为紫砂壶的宜茶性，正如明代许次纾《茶疏》所言：“（紫砂壶）盖皆以粗砂制之，正取砂无土气耳。”文震亨也强调：“茶壶以砂为上，盖既不夺香，又无熟汤气。”从上述名家的认知可以看出，紫砂壶作为文人首选的泡茶器，是因为紫砂壶的含砂量高，如周高起所讲：“縠皱周身，珠粒隐隐，更自夺目。”“縠皱”，讲的是紫砂壶烧结时的收缩特征，壶面有隐约可见的收缩纹理。“珠粒隐隐”讲的是，紫砂壶最本质、最基本的高含砂量。紫砂壶的

清代子冶石瓢 芝加哥艺术博物馆藏

“砂”，在烧结时处于不完全的熔融状态，具体表现为壶面粗而不糙，颗粒起伏如橘皮状，但又抚之光滑，耐人寻味。自成拙朴亦风流，于率真中见精致。紫砂的“砂”，是指二氧化硅。原矿紫砂的含砂量，至少应该在 50% 以上，这也是古人称紫砂壶为“砂壶”的重要原因。正因为砂壶的含砂量高，所以，紫砂壶才能耐得住高温烧造，无土腥气息，适于泡茶。

高含砂量的紫砂壶，需要以较高的温度烧结而成。高温烧结后的紫砂壶，尽管尚属于不完全的烧结状态，但其质地是致密的。致密度高的紫砂壶，吸水率低，吸附性弱，所以紫砂壶不夺茶的

清代康熙紫砂珐琅彩方壶 台北故宫博物院藏

香气。现在，很多人刻意强调紫砂壶的透气性，并把“透气性”和“过夜茶在壶中不馊”作为紫砂壶的优点和卖点，此种自相矛盾的观点，确实是不可思议的。壶的透气性好，说明紫砂壶的含砂量低、烧结温度低或是壶体的致密度低。壶体的结构疏松了，才会透气性好。若透气性好了，自然就会吸附、影响茶的香气，而不适合作为良好的泡茶器使用。明代周高起在《阳羡茗壶系》中，嘲笑持这种观点的人不可救药，俗不可医。他说：“宜倾竭即涤。去厥渟滓，乃俗夫强作解事。谓时壶质地紧洁，注茶越宿暑月不馊，不知越数刻而茶败矣，安俟越宿哉。”清代陈元辅认为：真正得茶中三昧的人，“须于停饮之时，将罐淘洗，不留一片茶叶”。紫砂壶如果再次使用时，应该先用沸水，洗尽壶中的宿气，始可泡茶。《宜兴县志》也说：紫砂壶海内珍之，“用以盛茶，不失元味”。失了茶之元味的紫砂壶，还是一把合格的紫砂壶吗？由此可见，商家引以为豪的“一把壶只能泡一种茶”的谬论，是多么的不堪一击！

假设一把壶只能泡一种茶，那只能证明这把紫砂壶的烧结温度欠佳，结构疏松，吸附了茶的香气，此种遗留的味道，会对连续瀹泡的第二种茶类产生干扰。低温烧结的壶，成品率高，但其质地疏松，可能会有害健康。另外，紫砂壶因含砂量低或未能烧透，茶渍又极易被吸附到壶体表面，使得此类壶会越养越黑，污渍斑斑，最为贱相。明代许次纾很早就意识到这个问题了，他在《茶疏》里明确写道：“（紫砂壶）顾烧时必须火力极足，方可出窑。然火候烧过，壶又多碎坏者，以是日加贵重。火力不到者，如以生砂注水，土气满鼻，不中用也。”对于烧结温度不够高的紫砂壶，许次纾认为会“砂性微渗”，因为紫砂壶不像瓷器那样内外施釉，容易吸附茶的香气，即是他讲的“香不窜发”。此类紫砂壶泡茶，“易冷易馊”，“仅堪供玩耳”，还是尽量避开为好。对于含砂量低的壶，许次纾又说：“质恶制劣，尤有土气，绝能败味，勿用勿用。”

在明代，许次纾已经把紫砂壶讲得很透彻了，也非常严谨。

如果按照许次纾的择壶标准去市场上选择紫砂壶，又会有几把壶是合格的呢？我们知道，紫砂壶的烧结温度，一般不会超过1200℃，也不能低于1050℃，这是保证健康饮茶的基本要求。那么，为什么市场上很多的壶，不敢去高温烧造呢？首先，市场批量供应的很多紫砂泥料，含砂量低，耐不住高温；其次，是为了保证紫砂壶的成品率，此是利益使然。一般来讲，紫砂壶的烧结温度越高，其色泽就会越紫褐深沉。有时为了保证紫砂壶外观的色泽，也会把温度降低一点去烧造，但是，鱼与熊掌不可兼得。自古有“过火则老，老不美观；欠火则稚，稚砂土气”之说。古人在考虑紫砂壶的色泽时，也会兼顾使用者的健康要求，而不像现在的某些不良壶商，为了得到某种色彩，为了保证紫砂壶的成品率，一味地去添加辅料或刻意降低烧造温度。

如何去选择一把健康实用的紫砂壶呢？首先要求砂料纯正，高温无害。壶的内外表面，通过适度烧结，不仅能够形成珠粒隐隐的自然丰富的肌理美感，而且一定要能看到云母的银晶闪烁，以及类似杂色斑点的黑色铁熔点。其色调沉稳、不花哨、不艳丽，壶面砂粒要莹润养眼，也就是我们常讲的紫砂壶的如玉水色。周高起推崇的“更自夺目”，指的就是砂粒烧结到位的晶莹感，这正是最容易忽略掉的鉴赏紫砂的要点。紫砂壶的水色好，砂粒夺目，既证明了砂料纯正，烧结温度合适，也反映了制壶者明针功力的扎实到位。其次，要求紫砂壶出水顺畅，这是紫砂壶的基本

静清和款 100ml朱泥壶

功能。李渔曾说：茶壶不像酒壶，茶叶细碎不均，容易堵塞壶嘴，“啜茗快事，斟之不出，大觉闷人”。所以，一定要注意壶嘴出汤线条的圆润感和力度感。壶的大小，要拿捏合手。同样容量的壶，要首选重量稍轻的。第三，单纯把壶嘴、口沿、把捎三者的平齐，视为好壶的完美精致，无疑是肤浅的、片面的，因为这是借助模具制作的紫砂壶最容易实现的基本要求。一把全手工制作的壶，无论如何也不可能过于完美。另外，一定要注意到紫砂壶倾斜出汤时，壶盖在壶体向下倾斜七十度时不能脱落这个国标的基本要求。明清时期，古人把持壶出汤时可能造成的壶盖脱落，视为紫砂制壶工艺的大忌，这也是品鉴紫砂壶制作优劣的一条极为重要而又极其实用的标准。

紫砂壶的选择，应以健康、实用、好用为目的。一把没有清晰的自家面目特征且缺乏原创性的壶，是没有多少收藏价值的。面对丰富的茶类品种，对于一般的习茶人，选择两三把容量不同的壶备用，已经足矣。张源《茶录》强调："饮茶以客少为贵。客众则喧，喧则雅趣乏矣。独啜曰幽，二客曰胜，三四曰趣，五六曰泛，七八曰施。"这是极富针对性的饮茶建议。一人独品，选用容量 100 毫升左右的壶即可；二人对饮，选择容量 120 毫升左右的壶比较恰当；若是三四人喝茶，壶的容量也不宜超过 150 毫升；茶三酒四，如果人数再多，就要分席而饮，方为恰当。冯可宾《岕茶笺》说："茶壶，窑器为上，又以小为贵。每一客一把，任其自斟自酌，方得其趣。"吴骞在《阳羡名陶录》中也说："壶宜小不宜大，壶盖宜盎不宜砥，汤力茗香，俾得团结氤氲。"小壶不仅节水省茶，更重要的是，容易控制好茶与水的恰当比例。无论是谁泡茶，只要能够准确地把握好茶与水的比例，把握住一款茶的最佳出汤平衡点，都会泡出一盏浓淡相宜、赏心悦目的茶汤。这个出汤的最佳平衡点，就是冯可宾强调的"况茶中香味，不先不后，只有一时。太早则未足，太迟则已过"。由此可见，泡茶并不存在什么秘不可言的神话，也不必故作玄虚、故作深沉。茶道之美，无不是在恰恰用心时，一切恰恰好，仅此而已。

杯盏虽小
可啜香

茶杯虽小，却是一席茶上的精灵。竖向茶杯的有序排列，最能体现茶席的韵律感，所以，茶杯的外观选择，对茶席之美造成的影响，不容忽视。我在茶课上常给同学们讲：发现美，认识美，从一只小小的茶杯开始。美，就在居家日常之中，不离左右。

茶杯的款式，琳琅满目，不同的茶类，宜选择不同的茶杯。一茶一杯，虽有些矫情，却不无道理。例如：香气高扬的茶类，宜选身筒高的茶杯，杯底幽幽的花香、蜜香、花果香，令人回味再三，不忍释杯。厚滑甘醇的黑茶类，可选口浅而大的茶盏或缸杯，茶汤散热快，可开怀畅饮，又方便观赏汤色的层次之美。至于杯子体积的大小，见仁见智，但还是以适合单手摩挲、把玩为妙。若茶杯口径过大，不容易持握，使用起来沉重笨拙。茶杯也不能太高，盏高则重心不稳，又遮蔽汤色，雅趣顿失，不适于玩味。当然，茶杯也不能过小，容量太小则受汤不尽。如果盏小注

清代单色釉茶杯

汤过满，又容易烫手洒落，也不符合“谦受益”的饮茶哲理。

从人体工学尺寸审视，单手持杯的杯体直径，不宜超过 65 毫米；杯子的容量，控制在 50 毫升左右较为合理。对于容量在 50 毫升左右的茶杯，按照《茶经》的分茶规则，每杯茶汤的体积，不宜超过 30 毫升，如此的饮茶量，控制得恰恰好。满，不但招损，而且烫手。许次纾《茶疏》说，茶杯，“其在今日，纯白为佳，兼贵于小”，“茶宜常饮，不宜多饮”。小杯饮茶，茶意独至，色香味具足即可，何必求浓贪多？色淡意转浓，味腴香且永。岁月无痕，风来满袖，能把淡茶品出味道，才是懂得生命真谛的人，才是身心健康的人。淡，是人生最深的滋味，淡茶温饮最养人。

怎样去选择一款适合自己、能够表达茶意的茶杯呢？

首先，入口之物要健康无害，高温瓷是必选之项。为了准确表达茶汤的色泽，茶杯内壁应首选温润的白色为宜。

其次，杯形线条或柔美或刚劲，胎釉如玉，细媚滋润，有良好的观感；取拿方便，握感适手；杯口平整光滑，唇感舒适。若茶杯口沿过薄，容易烫嘴；口沿过厚，则不利于畅饮。茶杯的圈足，要大小适中，与杯体的高度要比例协调。若圈足过小，茶杯的稳定感较差，容易造成茶杯的倒伏、跌落，这种视觉上的不安全感，可能会影响到泡茶人内心的安定平和。杯口的形状，决定着品茶人的饮茶姿势。杯口内敛，可能聚香较好，但需仰首才能一饮而尽。颈椎不好的人，可选择短身筒的直口杯为宜。茶杯器壁的厚薄，可能会影响到茶汤的香气和韵味。若杯壁稍薄，非常适宜趁热喝的工夫茶。因薄的杯壁，在瞬间吸收的茶汤的热量较少，在分茶后的一瞬间，使茶汤的温度降低较慢，保持着较高的汤温，这就是翁辉东关于若琛杯“盖不薄则不能起香，不洁则不能衬色”的道理所在。若杯壁稍厚，隔热、保温效果较好，便于茶杯盈盈一握，更适于冬季饮用。在同等时间内，壁厚的茶杯与壁薄的相比，茶汤冷却得要慢一些，杯底留香好且持久。

第三，茶杯质地要致密，吸水率为零，不能因质地疏松而影响到茶的香气和滋味。高温还原气氛烧成的茶杯，利于茶汤滋味和香气的表达。

静清和款 豇豆红茶杯

我们所见到的茶杯，底足大致分为圈足和卧足两种。杯底有圈足，抬起了杯子的高度，扩大了人的视野，显得凝重高挑，使得取拿便捷。清代梁同书《古窑群考》说：“古人以足载器，器足多取沉重。”圈足对茶杯所起的作用，如同女士之于高跟鞋的关系。从明代开始，杯心内凹为足的卧足杯，受到金银器的影响而陆续出现，如鸡缸杯、鸡心杯、马蹄杯等。卧足杯，小巧玲珑，柔美内敛，不乏沉稳之感，是茶席上别有味道的上品。

杯子的圈足，形式多样，最能集中反映器物携带的信息与密码。例如：从茶杯的圈足内侧是否呈现直角，大致能够判断一个茶杯，究竟是手工制作的，还是机器压制的。因为手工拉坯的茶杯，利坯时要挖圈足，挖足的刀子通常是直角的，所以，纯手工的茶杯，圈足内凹较深，多呈清晰利落的直角。而模具压制的茶杯，圈足内凹较浅，多呈45度角。当然，判断一个茶杯是否为纯手工制作，还需仔细考量杯子本身的平衡性，仔细查看口沿转折处的厚度，是否与杯壁一致。如果一只杯子圈足内陷较浅，且呈45度角的坡度，杯子口沿存在着较厚的承口泥，且杯子在手中把玩时的重心不够平衡，那么，基本能够判断，这只茶杯不会是全手工制作的。

一分钱一分货，鉴别一只茶杯，是否为全手工制作，并非是强调手工杯一定就好，主要是教会大家，多层面多维度地去鉴赏和了解茶杯，少花冤枉钱。对茶杯的选择，要因人而异，只要健康、实用且美，就是一只合格的茶杯。手工拉坯、利坯的茶杯，成本较高，胎体匀整轻薄，温润通透；器形线条柔软，轮廓优美；杯体轻盈，唇感舒适，更适于啜茗把玩。

温润泡茶
用盖碗

盖碗，顾名思义就是带盖的茶碗。其中茶碗的大小，基本等同于清代包括之前的茶瓯、茶盏。我们当下见到的大部分盖碗，包含了盖子、茶碗、碗托三个部分，但是，如果去博物馆，细心研究一下那些存世的老的盖碗，就会发现，至少在清代康熙之前，很少能见到带有碗托的三件套盖碗。碗托的出现，大概分为两种情况，一种是壶泡法中用来分茶、啜饮的小茶盏，会与较大的浅盘配套，形成大盘小盏组合，茶盏不设盖子，这明显是受到明末以后酒器形制的影响。另一种情况，即是在瓯盏撮泡法中，需要用较大的茶碗泡茶、喝茶，茶碗便增加了盖子，而与之配套使用的各色材质的茶托，基本都是带有承口的，这自然是传承了唐宋乃至明代中早期的茶盏的风貌。在瓯盏撮泡中使用的茶碗，大约是在民国前后，又演化成为我们今天的盖碗模样。

我见过一些清代八旗子弟喝茶的老照片，在其中一张照片的

大盘小盏组合

民国粉彩直口盖碗与清代铜质茶托组合

康熙铜胎珐琅彩盖碗 台北故宫博物院藏

乾隆祭蓝描金盖碗 台北故宫博物院藏

民国的盖碗，就有了专门配套一体的碗托，且碗托仍有承口存在。

几案上，摆着一把紫砂壶和一只无托的盖碗，这基本能够说明，那只盖碗就是彼时喝茶的茶杯，只不过担心茶汤凉得快些或防御尘土，便在茶杯上加了个盖子而已。那些把盖碗的三个组成部分，比喻为天、地、人的“三才”说法，是盖碗产生以后文人的附会，与盖碗的起源和发明无关。

近代，随着工夫茶的普及，当盖碗纯粹由饮茶器蜕变成泡茶器之后，其中的茶碗外缘，便由直口变成了撇口，而碗托的承口近乎消失，变成了很浅的碟子。如果仔细推敲，这个碟子基本失去了过去的隔热功能，仅余其装饰性，也就变得可有可无了。

由于高温瓷器胎体致密，吸水率为零，不会影响茶汤的滋味，更不会吸附茶的香气，因此，高温瓷质的盖碗，最能准确无误地去表现茶与茶汤。如果选得恰当合手，盖碗无疑就是最方便泡茶的普适的标准器。

一只三件套的盖碗，要分三个部分去拉坯，去分别烧造，因此，要想寻觅一件三个部分配合默契的器形优美的盖碗，并不是一件很容易的事。欲选择一只贴心的盖碗，首先要根据自己手掌的大小，去试探能否游刃有余地抓起放下，考量其大小是否合适？其次，要看茶碗的撇口是否够大，若撇口太小，出汤时则会烫手。当然，关乎盖碗的整体气质与审美，撇口也不能做得太大，以手掌拇指和中指的夹角小于 60 度、且感觉松弛自在为宜。另外，一定要试一下盖碗的出水状况，盖子不能椭圆瓢偏，否则泡茶出汤时，水蒸气会从某个隙口溢出烫手。还要注意茶碗的身长不能太高，否则泡茶出汤时，容易碰撞到相邻匀杯的口沿，造成不必要的损失。盖子的圈足和茶碗的圈足，在不影响美观的前提下，要尽可能做得高些，如此，在持拿盖碗出汤时，基本就不会感觉到烫手。第三，盖碗泡茶要承受较高的热量，尽量不要选择重金属可能超标的低温瓷器。如是选择清新悦目的单色釉盖碗，不要只观其形似，也不能只贪图价格便宜，而忽视了使用的健康因素。一只手工拉坯，先高温烧制、后低温二次上彩的茶器，与低温一次烧成的茶器，其品质和价格，都是悬殊很大的。

用盖碗泡茶，方便快捷，出汤可快可慢，利于闻香辨茶、观察叶底。清和茶道提倡泡茶时，采用盖碗四分温润泡茶法。即在用盖碗泡茶注水时，先从盖碗出水侧的对侧缓缓注水，要注意根据不同的茶类，随机调节水流的高低、粗细，以校正所需的合理的泡茶温度。在每两泡茶出汤完毕后，需将盖碗分别依次旋转 90 度角。对于绝大部分茶类，七泡仍有余香，可瀹泡七至八水，等八水结束后，盖碗正好同向旋转了一圈，即 360 度。如此泡茶，可以让茶从每个角度、每个层面都能得到充分地浸泡，利于茶汤因子表现的均衡稳定。

一阴一阳之谓道。泡茶注水时，一定要一手负责注水，另一手相时伺机准备出汤，做好两只手的平衡协调分工。孤阴不生，孤阳不长，现代很多茶艺中的注水和出汤，都是共用一只手来完成的，这不仅不科学不健康，而且也无法体现“道”寓茶中，又何谈茶道呢？

泡茶注水时，可通过调节烧水器出水水流的高低、粗细、缓急，来有效控制所需的水温。泡茶水温不可过低，否则茶香不发。好茶不怕烫但怕闷，如果茶叶过嫩，在出汤前，要注意提前开盖释放蒸汽。对于大部分的茶类，出汤后，也要养成开盖释放蒸汽的习惯。出汤完毕后，如果茶席上有备用的盖置，可顺便将盖子轻放于盖置之上。如果是高香的乌龙茶类，出汤后不想把盖子放

清代道光粉彩盖碗 台北故宫博物院藏

清代同治粉彩盖碗 台北故宫博物院藏

到盖置之上，也可以在放下盖碗的瞬间，顺手打开一下盖子释放蒸汽，然后再放回原位。行成于思毁于随，当良好的习惯一旦形成，一切动作就会自然而然了。对于泡茶的行茶手法，没有绝对的对与不对之分，只有合理与不合理之别，这就是我在《茶席窥美》一书中强调的科学的、合理的、健康的、符合人体工学的泡茶理念。

盖碗的注水线，一般要控制在撇口以下。令大家困惑的盖碗烫手现象，无非存在着两个原因，要么是盖碗的撇口太小，盖碗的选择不尽如人意；要么就是拿捏盖碗的姿势不对。通过一段时间的学习与操练，耐心去调整去探究，等得心应手、游刃有余之后，盖碗不失为最客观、最方便的泡茶器皿。

一款茶泡得好与不好，主要取决于水温、茶与水的比例以及对出汤时间的准确把握等要素。最佳的口感与滋味，就是茶水出汤的不早也不晚。茶汤最美腴的那一刻，就是茶汤带来的两腋生风的愉悦感，清微淡远，中正平和。如《礼记》云：“致中和，天地位焉，万物育焉。”

清和花道
道生一

关于其他茶器，我在《茶席窥美》一书已经写得非常详细，不再赘述。“茶分香气薄，梅插小枝横。”席间清供一瓶鲜花，可使茶席气韵流动，生机盎然。

席间插花是幽栖逸事，花器的选择尤为重要。明代张谦德《瓶花谱》说：“凡插贮花，先须择瓶。”袁宏道《瓶史》认为：“养花瓶亦须精良。”青翠入骨的旧仓铜觚，是花之金屋；细媚滋润的瓷器，皆花神之精舍也。因茶席空间的局限，花器又尚清雅，故其形制，宜矮而小，底足要求平稳安定。清和花道认为：花器高度在 150 ~ 200 毫米最佳；器身最大直径，一般不超过匀杯直径的两倍为宜；釉色以纯净的单色釉为妙，不要带有图案，即使是暗刻花的花器，俱不入清供，何况是雕龙画凤、满屏山水人物而干扰人们视觉的花器了。

清和花道，是以《周易》和《道德经》的传统理论为依据，

以不对称的三维立体空间架构为基础，旨在体现茶席、文房之美之境的格高韵胜的人文花艺。

老子《道德经》云：“道生一，一生二，二生三，三生万物，万物负阴而抱阳，冲气以为和。”清和花道则认为：从“道生一”到“三生万物”，从简单到复杂，是花木生长的自然秩序。宇宙间的花草树木，都是从一粒渺小的种子开始孕育，从抽出第一个枝条即“道生一”，开始生发，逐渐长成枝柯扶疏、负阴而抱阳的和谐之体。而由“三生万物”再到“道生一”，是植物生长的逆方向，即老子《道德经》所讲的“反者，道之动”，是“有生于无”，也是“物壮则老，是谓不道，不道早已”。删繁就简，却恰恰是花道的形成过程，孔子说：“吾道一以贯之。”

清和花道就是由繁到简，将花枝生长的万般状态，简化为一个具足了长、宽、高三条主枝的三角体结构。构成不对称三角体的立体空间的三主枝，首先要大致符合黄金分割的比率，其次包含了阴阳对比，即高低、疏密、俯仰、荣枯、刚柔、浓淡等属性。这样就将复杂的插花构图，变得简单化、模型化，“物或损之而有益”，花枝的构图越简单，便离“道”越近，否则就是背“道”而驰。

在插花的实践过程中，脑子里要有概念、有构图。如果是一个枝柯奇古、意态天然的呈三角体结构的枝条，只需对各主枝稍加修理即可，这样难得的天然枝条，就是清和花道认为的“道生

一”，“一”最近于“道”。如果一个枝条经过修整，无法表达出三维的立体空间架构，那就需要选择两个枝条去构思、去组合，这就是“二生一”。同理，如果两个枝条，仍然无法呈现不对称的三角体的插花架构，那就需要用三个枝条去拼凑、去构图，这就是“三生一”。无论是天生最近“道”的自然一枝，还是两枝、三枝或多枝的构图，都不宜过于繁杂，达成的景象，应如《瓶花谱》所讲：“俨若一枝天生者。”我大致计算了一下，如果沿袭清和花道提出的这一模型去插花，可产生的插花形态与构图，至少会有2048种存在。而每一种插花的架构，即是这个不等边三角体，分别以每个角为中心，在不同维度上自由旋转呈现的立体构图。花之配搭既善，则花之意态自佳。清和花道力求体现“茶性俭”的本质，强调自然美、线条美和意境美，构图简洁，清雅绝俗。因此，插花需要的枝条越多，便离“道”越远。

插花所需花卉的素材，不可太艳太俗，以有野趣的为佳。花材应首选家园邻圃，临近生长的花草树木，最易与我们所处的环境相融合。花朵要择其半开的，侵晨带露，色调新鲜。如果花朵较多，可做平衡取舍，择其蓓蕾、半开、初绽的，以体现花开的季节感与秩序感。

枝条的选择，要选择初放有致之枝，屈曲斜袅，不冗不孤，稍有画意的最为理想。此类花枝，可遇而不可求，这需要我们长期的眼光锻炼与审美培养。

插花的高度，一般是花出瓶口比花器稍高即可。张谦德《瓶花谱》写道："大率插花，须要花与瓶称，令花稍高于瓶。假如瓶高一尺，花出瓶口一尺三四寸，瓶高六七寸，花出瓶口八九寸，乃佳。忌太高，太高瓶易仆；忌太低，太低雅趣失。"另外，如果花色特别鲜艳，花器又很素淡，花出瓶口也可低于花瓶的高度，有姿态有画意的方妙。艺术之美，常在似与不似之间，刻意强调尺寸的准确性，容易失去插花的趣味。

插花构图完毕，要选斜冗花枝，随意铺散在花器瓶口左右，枝条长度以不超过花器的最大轮廓线为得体。此后，要从前、后、左、右四个面去观察、去审视，是否"横看成岭侧成峰"？是否从四面观赏，都有明显的构图和画意？如果一个插花作品，至少满足不了三个侧面的观赏，说明所插之花的构图，既不是一个三维的立体构图，也不是一个不对称的均衡的三角体架构。这就需要继续斟酌推敲，调整或增加枝条，尽可能地实现结构最合理的四面观构图。

花妙在精神。清和花道提倡的插花作品，至少要满足三面观，且仪态天然，如花在野，其风致和姿态，如袁宏道所言："使观者疑丛花生于碗底方妙。"清为花韵，和为花魂，大德曰生，大道至简，生生不息，"一"才是"道"。

主要参考书目

1. 朱自振：《中国茶叶历史资料续辑》，东南大学出版社 1991 年版。

2. 刘安、陈静：《淮南子》，国家图书馆出版社 2021 年版。

3. 李昉：《太平御览》，河北教育出版社 1997 年版。

4. 陈祖槼、朱自振：《中国茶叶历史资料选辑》，农业出版社 1981 年版。

5. 朱长文：《吴郡图经续记》，凤凰出版社 1999 年版。

6. 范致明：《岳阳风土记》，中华书局 1991 年版。

7. 杨炫之：《洛阳伽蓝记》，中华书局 2012 年版。

8. 施耐庵：《水浒传》，上海古籍出版社 2009 年版。

9. 王弘撰：《山志》，中华书局 1999 年版。

10. 张岱：《张岱诗文集》，上海古籍出版社 2014 年版。

11. 孟诜：《食疗本草译注》，江苏凤凰科技出版社 2017 年版。

12. 陈继儒：《小窗幽记》，文化艺术出版社 2015 年版。

13. 贾思勰：《齐民要术》，中国书店出版社 2018 年版。

14. 祝穆：《方舆胜览》，中华书局 2003 年版。

15. 刘子芬：《竹园陶说》，1925 年版。出版社未详。

16. 谷应泰：《博物要览》，中华书局 1985 年版。

17. 胡平生：《礼记》，中华书局 2017 年版。

18. 宋应星：《天工开物》，四川美术出版社 2018 年版。

19. 曹昭：《格古要论》，中华书局 2012 年版。

20. 爱新觉罗·弘历：《乾隆御制诗文全集》，中国人民大学出版社 2013 年版。

21. 钱仲联等：《元明清词鉴赏辞典》，上海辞书出版社 2016 年版。

22. 钱仲联等：《元明清诗鉴赏辞典》，上海辞书出版社 2018 年版。

23. 文震亨：《长物志》，中华书局 2017 年版。

24. 柳宗悦：《柳宗悦作品集》，广西师范大学出版社 2018 年版。

25. 俞蛟：《梦厂杂著》，上海古籍出版社 1988 年版。

26. 汤可敬：《说文解字》，中华书局 2018 年版。

27. 潮安县政协文史委员会：《潮安文史》创刊号，1996 年版。

28. 陈浏：《匋雅》，金城出版社 2011 年版。

29. 程大昌：《演繁露校正》，中华书局 2018 年版。

30. 周密：《齐东野语》，齐鲁书社 2007 年版。

31. 许之衡：《饮流斋说瓷》，中华书局 2018 年版。

32. 袁宏道等：《瓶史、瓶花谱、瓶花三说》，北京时代华文书局 2020 年版。

33. 兰陵笑笑生：《金瓶梅词话》，里仁书局 2020 年版。

34. 吴承恩：《西游记》，四川人民出版社 2017 年版。

35. 王祯：《农书译注》，齐鲁书社 2009 年版。

36. 王祯：《王祯农书》，浙江人民美术出版社 2015 年版。

37. 赵贞信：《封氏闻见记校注》，中华书局 2016 年版。

38. 封演：《封氏闻见记》，辽宁教育出版社 1998 年版。

39. 陆游：《陆游集》，中华书局 1976 年版。

40. 周亮工：《闽小记》，上海古籍出版社 1985 年版。

41. 唐圭璋：《全宋词》，中华书局 1965 年版。

42. 彭定求等：《全唐诗》，中华书局 1960 年版。

43. 徐松：《宋会要集稿》，中华书局 1957 年版。

44. 苏轼：《苏东坡全集》，北京燕山出版社 2009 年版。

45. 苏轼：《苏轼诗集》，中华书局 1992 年版。

46. 徐珂：《清稗类钞》，中华书局 1984 年版。

47. 马端临：《文献通考》，中华书局 1986 年版。

48. 谢肇淛：《五杂俎》，辽宁教育出版社 2001 年版。

49. 臧晋叔：《元曲选》，中华书局 1989 年版。

50. 苑晓春：《茶叶生物化学》，中国农业出版社 2014 年版。

51. 方健：《中国茶书全集校正》，中州古籍出版社 2015 年版。

52. 吴觉农：《中国地方志茶叶历史资料选辑》，农业出版社 1990 年版。

53. 张时彻：《珍本医籍丛刊》，中医古籍出版社 2004 年版。

54. 曹雪芹：《脂砚斋评石头记》，上海三联书店 2011 年版。

55. 佚名：《食物本草》，江苏广陵书社 2015 年版。

56. 聂鈫：《泰山道里记》，杏雨山堂刻本 1773 年版。

57. 袁景澜：《吴郡岁华纪丽》，凤凰出版社 1998 年版。

58. 普济：《五灯会元》，中华书局 1984 年版。

59. 鸠摩罗什：《金刚经》，中州古籍出版社 2009 年版。

60. 陈淏子：《花镜》，农业出版社 1956 年版。

61. 沈复：《浮生六记》，广陵书社 2006 年版。

62. 冒襄：《影梅庵忆语》，内蒙古人民出版社 1997 年版。

63. 陈继儒：《养生肤语》，上海古籍出版社 1990 年版。

64. 高濂：《遵生八笺》，人民卫生出版社 2007 年版。

65. 孟元老、吴自牧：《东京梦华录、梦粱录》，江苏文艺出版社 2019 年版。

66. 黄元吉：《道德经注释》，中华书局 2013 年版。

67. 寇宗奭：《本草衍义》，中国医药科技出版社 2021 年版。

68. 陈景沂：《全芳备祖》，浙江古籍出版社 2014 年版。

69. 王实甫：《西厢记》，长江文艺出版社 2019 年版。

70. 方玉润：《诗经原始》，中华书局 1986 年版。

71. 周亮工：《闽小记》，福建人民出版社 1985 年版。

72. 陈鼓应：《庄子今注今译》，中华书局 1983 年版。

73. 黄寿祺：《周易译注》，中华书局 2016 年版。

74. 韩其楼：《紫砂壶全书》，华龄出版社 2006 年版。

75. 张岱：《陶庵梦忆》，江苏凤凰文艺出版社 2019 年版。

76. 中国硅酸盐学会：《中国陶瓷史》，文物出版社 1982 年版。

77. 冯先铭：《中国陶瓷》，上海古籍出版社 2001 年版。

78. 张谦德、袁宏道：《瓶花谱、瓶史》，江苏文艺出版社 2016 年版。